同未来一起行走

预言家

PROPHET

享受机器

新技术与现代形式的愉悦

ENJOYING
MACHINES

〔瑞典〕巴里·布朗 Barry Brown 奥斯卡·朱林 Oskar Juhlin 著

魏刘伟 译

中国工人出版社

图书在版编目（CIP）数据

享受机器：新技术与现代形式的愉悦 / (瑞典) 巴里·布朗，
（瑞典）奥斯卡·朱林著；魏刘伟译. —北京：
中国工人出版社, 2021.11
书名原文: *Enjoying Machines*
ISBN 978-7-5008-7611-3

Ⅰ. ①享… Ⅱ. ①巴… ②奥… ③魏… Ⅲ. ①技术学
—研究 Ⅳ. ①N0

中国版本图书馆CIP数据核字（2020）第206707号

著作权合同登记号：**图字01-2020-6872号**
Enjoying Machines/Barry Brown and Oskar Julin ©2015 Massachusetts Institute of
Technology All rights reserved. Original English edition published by The MIT Press.

享受机器：新技术与现代形式的愉悦

出 版 人　王娇萍
责任编辑　左　鹏
责任印制　黄　丽
出版发行　中国工人出版社
地　　址　北京市东城区鼓楼外大街45号　邮编：100120
网　　址　http://www.wp-china.com
电　　话　（010）62005043（总编室）
　　　　　（010）62005039（印制管理中心）　 62382916（工会与劳动关系分社）
发行热线　（010）82029051　62383056
经　　销　各地书店
印　　刷　三河市国英印务有限公司
开　　本　880毫米×1230毫米　1/32
印　　张　7.5
彩插印张　0.625
字　　数　220千字
版　　次　2022年1月第1版　2022年1月第1次印刷
定　　价　58.00元

随着生活的继续，未来的社会将发展出一种经验，此经验将是深刻分析的结果，这样的可能性已在我们眼前显露无遗。正是通过华丽的初始分析、画面般的体验，凡此种种，才能在当下奠定基础。这份图画式的经验证实了我对未知生活的信心。所有即将曝光的未知事物都让我相信，我们的幸福也取决于一个与人分不开的谜，我们唯一的责任就是努力抓住这个谜。

勒内·马格里特（René Magritte）

《生命线》（*La Ligne de vie*）

——在安特卫普孔林利克博物馆的演讲

1938 年 11 月 20 日

致 谢

感谢我们的合作伙伴为本卷研究所作的诸多贡献，特别是阿比盖尔·塞伦（Abigail Sellen）、肯顿·奥哈拉（Kenton O'Hara）、路易丝·巴克休斯（Louise Barkhuus）、亚历克斯·泰勒（Alex Taylor）、埃里克·劳里尔（Eric Laurier）、斯图尔特·里夫斯（Stuart Reeves）和阿维德·恩格斯特伦（Arvid Engström）。我们还要感谢理查德·哈珀（Richard Harper）对早期书稿的有益意见，以及马克·佩里（Mark Perry）对本书原初的观察评论。

这个项目是由瑞典创新局（VINNOVA）和移动生活中心（Mobile Life Centre）资助的。

目　录

第一章

为什么快乐很重要?

考察快乐的缘起

现代技术最大的好处,并不在于它在多大程度上使我们变得有效率,或彻底改变我们的工作环境,而在于它令人愉快。社交网络、计算机图形学、无线网络等新技术的成功之处,在于它们在我们的生活中创造了快乐。人们在森林中散步时通常使用 GPS 设备定位,在观看游戏时用手机记录游戏的视频剪辑。在世界范围内人们使用技术的主要目的不是进行战争或提高生产力,而是为了享受。各种休闲活动,如体育和电视,没有技术是不可能存在的。

本书考察了各种休闲形式的发生,其依赖于技术的方式,以及我们如何设计技术以便更好地支持享受。如果我们对享受本身感兴趣,自然也应该转而去理解自己与技术之间的关系——在人类的享受中充满着技术。在本书中，我们考察了这种关系，以及技术如何成为我们的享受中不可或缺的一部分。通过研究享受体验、调查人们的享受场所并记录其行为，我们描述了快乐的实质。我们的主要论点是：快乐在本质上是社会性的——我们不仅和他人一起享受，还需要和他人一道去理解什么是令人愉快的。我们从他人那里学习如何享受事物：要想享受观光假期或者体验玩电子游戏的兴奋感，你需要从别人那里学会欣赏和取得成就感的技能。结合理论和实证研究，我们梳理了支持享受的技术——特别是计算机——的形成原因和方式。为什么这么多最新技术的应用都支持享受？在回答这一问题时，我们还将梳理现代形式的享受概念、它与休闲的互动形式，以及商业和国有企业的作用。我们的目的既是概念性和经验性的（我们试图了解什么是享受，但也要研究休闲采取的形式），也是实用性的（我们试图找出如何更好地设计令人愉快的技术）。

为了这次考察，我们将广泛借鉴最新的研究，这些研究批判性地审视了享受和休闲在一系列环境中发挥的作用。这项工作涵盖了一系列领域，包括经济学、心理学和休闲研究。这些领域以不同方式把诸如"为什么我们喜欢某些活动？我们有多喜欢？以及这些经验对我们所做的决定有哪些更广泛的影响？"这样的问题摆在了中心位置。事实上，在过去的十年里，人们对于享受在日常生活中所起的作用重新进行了认真的审视。我们还将回到 19 世纪的研究中去，当时的实用主义（utilitarianism）哲学家们争论了应该如何组织社会以最大限度地获得快乐。这些关注和争论可以追溯到古代——柏拉图（Plato）和亚里士多德（Aristotle）关于"美好生活"的论点可见一斑。

近年来，各个学科都以自己的方式来研究快乐。心理学试图测量快乐，并试图发现它与大脑活动的关系以及关于不同活动与愉快程度的对应关系。对与快乐相关的大脑化学研究已经详细地揭示了一些大脑状态（或过程）是如何与快乐相关联的。享受的组织结构也受到了相当大的关注，人们尤其关注"流态"（flow states）——即人们完全投入一项活动中的精神状态。经济学侧重于一般性结构的社会层面，特别是衡量国家和整体人口的享受情况。根据全国范围内的调查，我们可以选择何种的政府政策来鼓励不同人群的享受？当人们变得更富有时，享受和快乐是如何发生变化的？经济学家们已经记录了一些悖论，在这些悖论中，我们所做的决定要么是集体性的（比如倾向于经济增长而非平等），要么是个人性的（比如为了工作长途通勤），最终导致个人和社会都处于次优状态。

在社会学中，我们发现了"虚假需求"（false needs）的说法。它借鉴了马克思（Marx）的"虚假意识"（false consciousness）一词，意思是我们被引导去渴望自己不能拥有的东西——正如马尔库塞（Marcouse）所说的"不快乐中的快感"。与在这种批判性分析中时常会出现的情况相同，我们发现从真正的快乐中传播虚假信息的工作落在了受过学术训练的人身上，而我们对他们在这件事上的专长有所怀疑。

总的来说，在这些不同的研究领域，此类关注是有效的，但我们的兴趣稍有不同——更为狭窄，又更为宽泛。之所以更狭窄，是因为我们将关注愉快的技术在人类生活中所起的作用。然而，我们的关切也更为普遍，因为大部分研究都没有对享受的概念进行深入发掘。心理学和经济学都有关于享受的假设，我们发现这些假设令人费解且颇有问题。其中关于享受的概念——作为一个变量，首先可以理解为个人，其次是人与人的融合在许多方面是存在困难的。正如我们将要分辨的那样，我们对享受程度的描述不能简单地依赖于这个概念，而要去参与享受本身，看看它是如何组织的。这样做的价值在于我们都知道对享受的描述取决于享受者。我们得到的关于享受的答案本身就是管理自己和他人享受的一部分。通常情况下，对"你在享受自己吗？"这一问题的回答不是对大脑内部变量的某种解读，而是一个涉及平衡的答案，既要符合礼貌、关心和关注他人的要求，也要符合我们自己对下一步能做什么的愿望。

我们试图避免这些陷阱：将休闲降格为一个容易测量的"变量"，以及将参与者对休闲的描述视为理解这些现象所需的一切。我们也将让自己远离怀疑与快乐——在当代社会人们所做的许多事情中，快乐是显而易见的。我们不需要陪审团来告诉我们是否喜欢喝一杯啤酒，或者海洛因成瘾是个大问题。因此，从经验上讲，本书的出发点是直截了当的：我们将与在不同情况下享受自己的人一起旅行，了解他们是如何认识享受的，并观察他们的行为。我们关注的是所谓的"休闲"，但将寻求对休闲的尽可能广泛的描述。通过描述享受和技术的复杂世界，我们也将寻求在我们的生活中创造一个更复杂的对享受的描述。

我们一直在研究和建立支持娱乐和休闲活动的技术，建立支持各种休闲活动的系统——包括体育、旅游、游戏、打猎和电视。我们仔细研究这些活动的方式和内容，参与这些活动以了解享受的来源，继而建立了支持这些活动的技术，使它们更加令人愉快。但同时我们也吸取了教训，以建立能够支持新的休闲追求的系统：允许用户以新的方式分享音乐、在线访问网站并分享和讨论他们所录制的视频。我们还进行了类游戏的创新，即所谓的普及游戏，不同于目前的普通游戏模式。我们的方法有些不同寻常，背离了不打扰研究对象的原则。我们尽可能地建立定制的计算机系统，并把它交给我们的研究对象，然后静待结果。我们认为，关注涉及的细节（这些细节可能会使任何支持该活动的尝试失败）对于社会科学和技术目的都是有意义的。

虽然我们会谈论对游戏本身的研究，但重要的是读者要意识到我们已经超越了游戏本身。游戏不是本书的主要焦点。虽然游戏是理解技术享受的一个重要部分，但如果只关注游戏的话，对于技术参与休闲和享受的所有不同方式来说将过于狭隘。

事实上，如果我们思考一下，在 Facebook 上的友谊是如何以不同的方式得到支持的？或者一通电话为何能给我们带来巨大的乐趣？因为它将我们与老朋友联系在一起。我们可以看出，游戏只是技术在我们快乐生活中发挥作用的一部分。因此，享受和技术包含并超越了游戏。只把游戏视为享受生活中的技术或者只把享受视为在休闲期间发生的事件都过于狭隘。有一系列不同的术语在思考和谈论我们将要记录的活动中起作用。例如，与朋友保持联系可能不是我们所说的"休闲"，尽管它可以在非常令人满意的同时又像许多休闲活动一样，往往在享受方式上也会有所欠缺。

总的来说，我们记录了"享乐生活"。我们主要关注的这些活动在某种程度上是令人愉快的。谈论享乐生活使人们注意到享受是各种不同活动的一部分，而不仅仅是那些收费的或在我们度假期间发生的活动。对生活中享受技术的各种方式的追求将会把我们带到更广泛的地方，并非所有方式都会是明显令人愉快的。关于我们对休闲和各种形式的享受的宽泛考察，希望读者感到满意。

尼采（Nietzsche）指出，在某种程度上所有的哲学都变成了传记，这本书当然会受到作者（作为社会学家和计算机科学家）职业背景的影响。从社会学的角度来看，我们对社会活动组织有着浓厚的兴趣。动机和方法并不取决于"我们的内心"，甚至不取决于经济运作。我们把社会学对我们生活中社会组织的持久兴趣作为推动经验研究计划的一种手段——我们会辩解说，如果小心翼翼地抓住机会去观察世界，那么世界就在那里。我们的额外影响来自那些关注多种技术形式的人。更确切地说，来自那些最直接关注技术设计的人，以及那些关注如何更好地设计技术以适应现有技术所涉及的不同活动对象。这项研究通常是在一组研究领域中进行的，这些领域围绕着"人机交互"（HCI）这个稍显笨拙的概念而展开。正是在这里，我们将会借鉴一些最成熟的通过技术与我们的各种行为建立关系的研究。特别是一些新生技术所支持的参与经验，尤其是愉快的经验。

对于有些读者来说，社会学和计算机科学的结合似乎很特别。幸运的是（因为这不是我们预料到的事情），正是在这种情况下，技术才产生了最大的影响。电子邮件、手机和Facebook 是支持连接和通信的社交技术。此外，近年来世界变革的推手在很大程度上是技术性的。这不是一个确定性的论点，因为影响肯定是不同的。但如果人们想要了解媒体，就应该关注社交网络技术；如果人们想要了解社会阶层，就应该关注手机。

我们为什么需要探讨快乐？

有批判精神的读者可能会问："我们为什么要把注意力放在享受上，尤其是在享受与技术的关系上？"技术在这里的确可以发挥作用，但我们所做的每件事情几乎都如出一辙。对于某些人来说，休闲难道不是远离科技吗？这是很重要的一个观点，摆脱技术束缚的乐趣，其含义是很丰富的。我们不想让别人以为我们沉迷于系统和设备中。现在我们只需注意到，技术可以是简单的，即使在很多情况下它看起来并没有那么简单。当我们离开这座城市时，即使是走路也会被我们的防水鞋追踪和测量。我们的鞋子和走的路都是由电脑规划并产生的。我们的快乐很难摆脱技术，无论好坏，我们的享乐生活中都有技术贯穿始终。

享受在很大程度上是我们生活中的一个基本部分。我们基于享受来决定我们要做什么、为什么要做，至少这就是我们向他人描述这些决定的原因。在工业领域，以享受为基础的企业——媒体、旅游、酒店、酒吧、餐馆——当然占主导地位；我们会粗略地猜测（在就业分类等详细文件的协助下），我们中的大多数人以某种方式受雇于致力于提供享受的企业。即使在那些不提供基本需求和商品的企业中，或者在那些帮助组织更加注重效率的企业中，我们也常常发现人们会在工作中获得乐趣，或者在某种技巧上使一种产品或服务比另一种产品或服务更成功。

此外，忽视快乐意味着失去了生命中太多的东西，也意味着放弃了让生活变得平稳和可理解的决定。这几乎就像一个人有着更适合世纪之交的社会生活的研究——最低限度且没有匮乏是生活的首要任务。然而，世界上绝大多数国家的情况并非如此。当然，虽然生活水平的分布不均已到令人不安的程度，但世界上超过 3/4 的成年人拥有手机，而且世界上只有很小一部分人的卡路里摄入不足，比那些摄入过多的人少得多，我们要怎样看待这些事实呢？这应该使人们认识到，这个世界的问题总的说来并不是对基本需要的基本满足，尽管这种需要对某些人来说是紧迫的。不幸的是，痛苦仍然普遍存在，但我们可能会发现，这不是需要更多的食物来解决，而是需要更微妙地理解生活中快乐的来源（比如亲密关系的存在）。

我们认为，对于许多社会科学研究领域来说，对快乐缺乏兴趣会使其迷失方向，从而无法理解其研究中的许多现象。例如，家庭社会学关注的是家庭在社会中扮演的功能性角色，而很少关注家庭团聚时，探望兄弟、父母或孩子时的快乐。关于家庭在社会中的作用我们可以描述很多，但我们也必须注意家庭给人们带来了多少快乐。

我们对快乐的兴趣在某种程度上贯穿了近来社会科学工作的主旨。例如，舒尔（Schüll）的《设计上瘾》（*Addiction by Design*）。这本书以令人耳目一新的细节记录了赌博机在赌博中占主导地位的方式，对赌徒产生的令人不安的影响。很明显，赌彩业正在榨取那些穷人的钱。然而，《设计上瘾》中几乎完全没有提及的是，人们可以合法地享受赌场。这本书几乎没有承认，这些机器的大多数用户将它们作为更广泛的社会活动的一部分来享受。舒尔将快乐定义为机械操作的产物，给使用者带来痛苦的后果。然而，这是对社会科学的歪曲：一个抹去了享受的世界，取而代之的是一个隐喻了贪婪的利润动机的社会科学寓言。这种对快乐的厌恶扭曲也可以在格拉齐安（Grazian）的大学生夜生活的人类学研究中看到。而且我们认为任何享受都是这些活动中有价值的部分，而这些价值被抹去了，取而代之的是"标准"的社会科学对生活——在此案例中是夜生活——的叙述，将生活视为公司治理。正如对格拉齐安著作的一位书评人所说，如果他所研究的学生是他所认为的毒品，那么我们都是毒品。

虽然我们对社会科学关于快乐研究的缺乏多有批判，但本书定位于技术和社会科学的领域之间，我们对于享受对计算机科学的重要性也很感兴趣。然而，快乐对计算机科学有什么重要意义呢？这似乎是一个不寻常的应用，难道计算机科学不是更关心算法和效率的吗？我们将首先论证认真对待计算机科学技术应用的重要性,并将这些应用与计算机科学的作用联系起来。这在计算机科学中向来不是一个特别流行的方法,计算机科学是一个试图以客观科学的形式(很像数学)来处理基本原理和普遍性或如何以及怎样进行"计算"这样复杂的工程问题的科学。然而,政府资助通常伴随着某种需求,即至少要努力与纯科学之外的世界对话,或为自己的研究寻找用途。这鼓励了计算机科学家们努力为他们最喜欢的事业或装置提供应用或建议,证明它们不仅是一个"狡猾"的数学游戏或拼图,还是有可能被用来加速某种特殊用途的计算,组合、管理武器或货币等。

我们应该认真对待这些举措,有关计算机科学应用的研究应当成为计算机科学的一部分。不仅是为了吸引资金,或是承担我们的"社会责任"。有趣的技术问题不仅是那些从计算、争论或发现中抽象出来的问题。在我们看来,科学不是孤立存在的,而是作为贯穿世界的实践存在的。我们认为这个世界既是物质的也是社会的,虽然这不是一个普遍的观点。计算机科学的物理极限与使计算机科学问题得以解决的社会极限是平行的。安全问题和密码学之所以存在,是因为我们生活在一个社会中,其中个人、组织和国家之间自然存在着对各种资源和产品的竞争。这些竞争体现为诸多形式的冲突。其中有些是不可避免的,有些是有益的,导致了社会中对各种密码学的需求,进而促使一系列具有广泛重要性和利益性的计算机科学问题出现。然而,这些需求并不是自然世界的结果，而是社会世界的结果。

因此，我们认为理解社会世界和"现实世界"问题对计算机科学项目都有积极意义。有趣的不仅是那些来自内在的和计算机科学所关注的问题，还有那些来自不同技术系统应用的问题。事实上，几乎每一个计算机科学的成功领域都可以追溯到特定发现的应用。因此，计算机科学从其技术的应用中获益匪浅。事实上，如果不考虑其应用，人们就无法清晰地理解计算机科学。

我们论点的第二部分是，如果开始考虑这些应用，那么我们很快就会发现享受可能是计算机科学最大的应用领域。游戏、电影、音乐、文件共享、社交网络……我们甚至可以说，计算机科学的应用主要是支持各种形式的享受。作为一个直截了当的证据，2014 年美国出售的电脑更多是用于家庭而不是办公室。这甚至不包括 4000 万台左右的游戏机，也不包括 3 亿部的手机。当然，也许由于国家是计算机科学的主要资金来源，我们可能会看到一种不健康的偏袒——倾向于技术的应用。然而，这不应让我们误解，因为计算机科学与几乎任何其他科学一样都与享受相关联。因此，如果计算机科学认真对待信息系统的应用，而且其应用与享受有关，那么我们就应该花些时间来理解什么是享受，并将其作为计算机科学中的一个关注点。计算机科学在一系列新的问题应用领域提供了新的可能性，也产生了许多新的子领域。因此，快乐对社会学和计算机科学都有意义。

另一个问题是，作为一个概念，快乐不足以分析我们强调的众多应用。这是一个足以进行分析的概念吗？它（比如"活动"）是否如此宽泛，以至于几乎涵盖了我们的活动，它是否听起来既智慧又宏大，却只给了我们最低限度的分析？例如，在社会学中快乐似乎没有"休闲"受到的关注多，"休闲"对我们这个学科来说是不是一个更好的称呼？当然，如果你想找点休闲，你可以去找一帮在休闲行业工作的人进行一番交流。人们可以用假期或在游乐园的时光满足自己的需要。然而，对休闲的关注有太多疏漏。以烹饪为例，在假期烹饪会是休闲的一部分，但人们会认为做意大利面和粥的日常生活不是休闲。而且，技术在这个图景中的地位是不确定的，因为它有时适用有时又不适用。正如我们在前面提到的，视频游戏似乎属于休闲，但 Facebook 或其他社交网络不属于休闲。就我们的兴趣而言，虽然休闲有助于我们把注意力从工作中转移开来，但它本身太过狭隘。

计划的目标

我们已经建立了部分动机和背景，现在来概括一下本书的目标。

第一个目标是研究休闲的内容，并拒绝归纳或量化。我们的意思是，经验性计划的出发点应该是详细描述各种休闲追求和令人愉快的活动所涉及的内容。在很多方面，这似乎是一种显而易见的方法。毕竟，如果没有这种密切关注，为什么要对快乐进行检验呢？然而，由于我们对于享受有着密切的体验——毕竟，我们中的大多数人总会在某时某刻享受我们自己，我们对此似乎已经有了足够的一般经验，即可以依靠自己的直觉。在许多学科中，这是由归纳和量化的惯性推动的。虽然这本身可能是有价值的，并且会给予我们有价值的见解，但如果我们不能花时间思考什么是真正的享受，其意义可能会被误解。如果我们对这些细节不够重视，这些细节可能会来反咬我们一口。

第二个目标是关注研究对象的社会经验方法。这指的是我们认识和应对生活中令人愉快的部分的各种不同方式，即我们如何享受自己。我们的论点是，愉快的经历并不是人们无法获得的某种神秘的"机器中的幽灵"（ghost in the machine）；相反，它们是我们每天都在自己和周围人身上审视的东西。因此，我们的重点是研究人们如何享受不同的事物，以及如何与他人一起应对这些经历。

第三个目标是对休闲进行经验化的研究——调查休闲的各种形式，以及为什么它们是这样组织的。我们倾向于用民族志（ethnography）方法——一套基于直接参与和观察不同经历并详细记录它们的特殊方法。这种方法不但是定性的、描述性的，并且是耗时的。但我们认为它是解决在愉快的经历中发现各种复杂性的唯一方法。我们做这种经验性的工作是试图避免把快乐归为一个统一的范畴——这是我们稍后将会谈到的"哲学家的问题"（philosopher's problem）。享受似乎是我们生活中的一个基本组成部分，以至于许多哲学家试图定义什么是享受，或者它是由什么组成的。当然，这是这种分析的一个作用。但是，当面对享受所采取的各种形式时，它会导致对其多样性产生过于简单化的看法。

我们计划中的第四个目标在某种程度上与其他目标相矛盾——避免依赖那些参与享受的人给出的描述。我们的观点是，参与调查的人对调查分析员关于休闲、享受或任何活动的问题的描述和回答都是有条件的。人们通常会对体验进行简短的描述和解释，但这并不意味着当下的享受会因此而减少，因为这些都是"表象"。这些描述通常是道德描述，是相对于管理如此多关于享受的讨论的监管框架而产生的。我们不是说应该忽略人们的所作所为，而是应该在其活动的背景下对其进行研究。以打猎为例，关于杀戮动物的道德争论有很多（尽管我们几乎所有人的衣服和食物都依赖于此），以至于我们只能问一些问题，比如"你喜欢杀戮动物吗?"这样就不可能了解在打猎中的具体情况。

这些目标共同构成了我们所称的快乐的经验性计划

（empirical program of pleasure）——一个基于研究快乐的计划，并不试图将其归入其他现象。我们不仅将讨论经验性的案例，而且还将讨论在这样的计划中应该采用何种方法、在理论上讨论什么是享受，以及我们应该如何谈论享受的问题。

结构概述

在第二章中，我们将从理论上探讨什么是享受，建立我们称之为享受的制度模型（institutional model of enjoyment）。这是一种思考享受的方式，它不会将其简化为一个短暂事件，甚至是在我们的头脑中闪现的瞬间，而是试图把享受作为我们生活的一个主要部分以及我们如何看待他人的生活来进行分析讨论。我们在第三章中所涉及的第一个领域，对于那些电脑游戏上瘾者来说，可能是最显而易见的。我们把对电脑游戏的非常观点和对猎鹿的研究结合起来。在很多方面，电脑游戏的灵感和形式不是来自运动或传统的棋类游戏，而是来自狩猎、打斗和战争。

从这些例子开始，我们有机会摆脱当今休闲和享受的一些不寻常的特征。在第四章中，我们将从哲学、经济学、心理学和社会科学的角度对关于快乐的一些历史讨论以及理解快乐的不同历史方法进行探讨。

在第五章中，我们开始涉及享受的最重要的部分之一：社会性。我们描述了享受在与他人共度时光时的作用，包括短信或博客的互动、一起玩电脑游戏以及在网络论坛上寻找伴侣和爱情。我们把对技术社会性的研究与通过新方式支持社会生活的新原型系统的研究结合起来。特别是注重利用位置感知系统来研究我们的社会生活，使家庭生活与社会生活的性质之间体现出一些差异。

在第六章中，我们将考察旅游在享受中的作用，或者更广泛地说，流动性在休闲中的作用。旅游也许是享受的最庞大商业形式之一，它被一些人称为世界上最大的雇主。我们将通过对旅游的研究来了解为什么它是一种愉快的经历，以及为什么它往往是生活中最令人难忘的。要了解旅游，必须了解规划和更多特别安排之间的相互作用；这导致了对规划在休闲和享受中的作用的讨论。在考察了旅游业之后，我们将描述一些旨在以新的方式支持其技术系统的测试。这将有助于揭示移动式生活中一些未被注意的方面。

在第七章中，我们会考虑电视和音乐在我们享受生活中的重要性，它们提供了一套更为被动的享受体验。我们将更广泛地考虑放松和看电视与浏览媒体之间的关系。

在第八章中，我们会总结理论论点和经验论点，探讨如何设计享受的技术，并对享受作为更广泛的社会的一部分采取更广泛的观点。

我们希望重新确立享受的重要性，以理解为什么事情是这个样子的，以及为什么我们要做出这些选择。这使经验回归到中心舞台，并试图认真对待为什么有些活动是令人愉快的，而另一些则不是。在此基础上，试图了解技术如何成为享受的核心，以及我们如何利用技术来支持享受并从中学习。

第二章

什么是享受？

快乐本质的历史探寻

如果要理解享受在技术使用和设计中的作用，我们首先要面对一个看似简单的问题：什么是享受？尽管这看起来很简单，甚至微不足道，但正如我们在本章中要讨论的，享受呈现出相当的复杂性。例如，我们能相信别人口口声声说的享受吗？也许我们只能自己享受，而不能轻信他人的描述。我们能衡量享受吗？只有一种享受，还是有很多种？如何与他人分享享受？虽然经济学和心理学对享受有着丰富的论述，但将其视为一种生理现象的"简单观点"已经占主导地位：快乐是一种仅在强度上变化的心理事件，与痛苦相反。这种简单的观点根源于 19 世纪的实用主义思想。我们对此表示不同看法，这会让许多关于快乐的棘手问题得不到检验。它把快乐降格为大脑中的某个事件——一种在大脑中同时发生物理活动的精神体验。然而，依靠大脑化学来发现快乐是什么，或者用大脑不同部位的刺激来解释快乐是什么，无法解释愉悦的多样性体验。

内格尔（Nagel）指出，如果我们将不同的经验降格为大脑事件，就无法考虑经验感受之间的特征差异。并非所有的快乐感受都是一样的。在很大程度上，人类共同生活的基础是理解这些不同的快乐并谈论它们——你可能更喜欢茶而不是咖啡，但这并不意味着你喝茶的快乐和我喝咖啡的快乐是一样的。此外，一些诸如学习乐器演奏的乐趣可能需要很长时间才能得以实现。我们从如此复杂的长期工作中得到的快乐绝不仅仅是头脑中的一瞬间。成就感和渐进感包括一种复杂的自我发展认知，形成一种关于我们是谁和我们能做什么的意识。有些快乐也是后天养成的品位，我们需要别人的训练，以便了解什么是快乐，什么是不快乐。正如贝克尔（Becker）所记述的那样，即使为了体验快感而摄入毒品也需要学习。

我们的目标是发展一种关于快乐的另类观点——即让我们了解快乐的不同形式的一种经验性观点，以及发展与幸福有关不同活动和实践的范围。我们认为，快乐应该被理解为一组技能、活动、期望和形成愉快体验的行为，而不是"大脑中"的事件或我们意识的心理特征。并不是说我们对后一种理解持怀疑态度，而是说它们只是部分地说明了享受这项复杂的实践任务。

我们认为，第一，快乐是世俗的。借鉴赖尔（Ryle）和维特根斯坦（Wittgenstein）的研究成果，我们把快乐理解为存在于世界上而不是头脑中的东西。第二，快乐是一种有技巧的社会实践，是一种既有学问又有文化内涵的活动。第三，快乐通常是可描述的。这里不需要奇特的方法，我们都是享乐的专家，因为我们从出生起就生活在一个快乐无处不在的世界里。分析快乐并不依赖于哲学或先进的方法，而是回归我们已经理解、看见和做到的事情上。第四，快乐是基于感觉和情感的。它不能简单地被理解为物体的运动、反应和相互作用。快乐是生活经历的直接组成部分，这使得快乐可以很明显地被观察到——就像是太阳掠过的轨迹那样。因此，我们的叙述不应回避描述对事物的感受。

我们称自己的模型为快乐的制度模型（institutional model of pleasure）。这并不意味着它是政府的或商业的，但快乐就像一个我们共同建立、参与和使用的社会制度。快乐是我们生活中一个永久的基本要素，不仅是因为我们的生物本性，还因为维持快乐复杂性的文化制度。为了理解快乐，我们需要观察拥有快乐的人是如何谈论、认识和理解快乐的。从别人身上看到快乐，从自己身上认识快乐，这取决于我们对某一特定"制度"及其运作方式的了解。然而，它不容易被还原为一个数字，它有多种形式以及强度。我们可以谈论一项有着明显弱点的强大制度，正如我们可以描述一种强烈但令人不安的快乐。根据这一论点，快乐在我们的社会世界中被管理、验证、批判和公开描述。它取决于理性、成熟度和由此产生的公开性。

快乐在很多方面不是一个简单的概念。我们每天都提到快乐，但真正的快乐是什么很多人还不清楚。有一个问题涉及快乐（pleasure）和享受（enjoyment）之间的区别，或者幸福感（well-being）和幸福（happiness）之间的区别。显然这些术语具有相关性，但它们突出了不同的特点。幸福感似乎更像是一个目标，而不是一种状态；享受似乎是与某项活动相伴随的；快乐似乎是一种评价。在本书中，我们在"享受"和"快乐"之间交替使用，当我们想最广泛地谈论这一现象时使用前者，当我们关注具体的案例时便使用后者。

那么其他术语呢？赖尔对此考虑详细，我们不需要花费太多时间来区分它们：

正如在板球运动中，除非其他板球运动员履行了他们的职能，否则守门员是没法守住门的。所以"享受"、"喜欢"和"快乐"等词汇的功能当然会与无数其他词汇结合在一起……享受和厌恶不是技术概念。每个人都使用它们，不存在凭借自己的特殊训练成为

使用它们的最终权威。我们通常都很清楚——虽然没
有使用任何特殊的研究方法——我们是否很享受今天
早晨，或者讨论我们喜欢板球还是足球。

我们可以使用其他术语，但正如赖尔所解释的，这并不意
味着我们对它们是如何结合在一起的感到困惑。和板球一样，
我们必须理解不同的概念是如何协同工作的。快乐不仅仅是
"享受"、"开心"和"幸福"之间的区别，我们不应浪费太多
时间来区分不同的词汇。我们追求的是"游戏"本身的运作方
式。幸福是什么？与他人一起追求幸福意味着什么？在我们把
精力花在区分不同的"享受词汇"之前，我们必须专注于理解
享受本身是什么。

也就是说，重要的是区分作为一种性情（disposition）的享
受和作为经验的享受。谈论享受足球和享受今天的比赛是不同
的。本内特（Bennett）和哈克（Hacker）这样阐述：

> 人们必须区分不同的情感特征（不是感情）：情感
> 作为一种偶发性的扰动，情感作为一种长期的态度
> （两者都被认为是感情）。许多情感术语都被用作性格
> 特征的名称：我们说人们有一种富有同情心或爱心的
> 天性，嫉妒（jealous）或妒忌（envious）的性格，生
> 性暴躁、胆小（timid）或胆怯（timorous）。这种性格

特征的归属意味着在适当的环境下，会倾向于同情或爱、嫉妒或妒忌、愤怒或胆怯；也意味着表现出同情或爱、嫉妒或妒忌而愤怒或胆怯……当我们把一个人描述成"情绪化"的人时，并不是说他对许多人感到爱或恨、怀有无数的恐惧和希望等，而是说，我们认为他容易受到情绪上的干扰，容易爆发情感，容易自由地表达他的愤怒、愤慨、爱或恨，也许会过度，让他的情绪有害地影响其判断。

在性格和实际的愉快经历之间的这种区分是有价值的。但在本书中，我们主要关注的是经验，这种划分很重要，能够防止我们在谈论个人的特点或性格时被案例弄糊涂。

但是，让我们首先集中讨论关于享受的最重要的概念问题：如果享受是一种内在的和个人的东西，那么只有自己才能知道自己的快乐吗？

快乐是世俗的

在哲学中，大多数关于快乐的争论都是以探究感觉，特别是精神感觉的性质为形式的。如果快乐是一种内在的心理体验，不易被分享，那么学习享受就变得难以想象。因此，我们的第一个论点是：享受不是一种个人现象。借鉴赖尔的观点，以及维特根斯坦关于个人精神行为的更广泛论点，我们可以建立一种对享受的理解。

"简单的快乐观"在实用主义哲学家的著作中得到了最充分的发展。这种观点认为，快乐是一种在瞬间意识中简单而难以形容的感觉。当我们感到快乐的时候快乐是存在的，它的核心是幸福的体验。在这场表演中，快乐作为一种感觉，是由大脑不同部位的刺激所触发的。在当今的一些神经科学中，大脑中被称为扣带皮质前膝周区（PGAC）的一部分被视为大脑中产生快乐的部位，也是人类真正快乐的来源。随着争论的进行，某些外部刺激（愉快的经历、药物等）激发大脑的活动，这些活动在大脑中串联起来，直到最终产生 PGAC 的刺激。这一切结果是一种快乐的感觉。

尽管纯粹的"精神"快乐的图景有很多吸引人之处，但这个说法有严重的问题。我们不否认，有时会有不同的大脑活动与快乐的体验相对应，但这种说法过于简单。快乐作为纯粹的感觉，缺乏来自我们与他人谈论、分享、描述和学习快乐时的复杂性。当然，大脑和快乐有关（就像与身体有关一样），但这不是完整的描述。

赖尔指出，如果快乐是一种感觉，那么应该可以把这种感觉和享受分开。如果感觉是导致快乐的东西，那么可能有两种不同的因素在起作用：

> 如果快乐被正确地归类为一种感觉，我们应该期望能够相应地将其中的一些感觉描述出来，如愉快的、中和的和不愉快的，然而这显然是不可能的。后两者互相矛盾……从这个意义上说，享受和领会一个笑话并不是两种不同的现象，除了笑话之外的其他事情也是可以享受的，而且一些笑话是被领会且不被享受的。虽然没有闪电就不会有雷声，但两者可以独立发生。享受亦是如此，我们无法理解某人在享受虚空这种说法……

> 当我享受或厌恶一次谈话时，除了容易记下的一段对话外，就没有别的了。对话中的一些连续或间歇的自省现象，对我来说指的就是谈话的愉快或不愉快。我可能真的很享受谈话的前五分钟和最后十分钟，厌恶其中的一个中间部分，或忽视另一个部分。但是，如果让我回顾一下自己享受和厌恶的持续时间和曾经享受或厌恶的一段对话的持续时间，我无法对两者的持续时间进行比较。

赖尔试图把"精神感觉"和我们在生活中以各种不同方式所谈论的快乐区分开来。如果快乐是一种感觉、印象或心理现象，那么它就必定与我们所说的"快乐的实际现象"相一致。然而，当我们谈论快乐时，我们谈论的不是大脑中的事件，不管它们与我们称之为快乐的事件有多少对应关系。安斯科姆（Anscombe）同样质疑是否可以用这样简单的术语来描述享受。实用主义者认为快乐是所有人类活动的根本原因。然而，安斯科姆认为，如果快乐是采取行动的理由，那么它取决于对他人动机的可理解的评估。我们需要能够理解别人为什么做一件事，以及别人有什么合理的动机。不清楚的是，享受是否既可以成为我们做每件事的动力，也可以成为我们大脑中的一种感觉。如果快乐是行动的理由，同时也是大脑中的一种感觉，那么它将依赖于各种各样的动机和行为，而这些动机和行为是感觉所不能提供的。所以感觉真的能成为所有活动的动力吗？安斯科姆写道：

> 应该立即排除这种哲学，因为事实上它总是将"快乐"作为一个毫无疑问的概念。它显示出惊人的肤浅……把快乐看作做所有事情的关键。我们可以借用维特根斯坦关于意义的一句话："快乐不是印象，因为印象不会产生快乐的后果。"他们是说要将其看作一种特殊的搔痒，是做任何事情的意义所在。

也就是说，安斯科姆把感觉比作一种搔痒——做任何事情的意义所在。这正确吗？这似乎将整个人类的工作降低为与狂热的吸毒者所追求的同样的快乐。认为人的生命是建立在寻找感觉基础之上的观点，在很大程度上消除了我们作为人类生命的复杂意义，并将复杂化为肤浅。

如果我们寻求一种更微妙的快乐概念，就有可能将快乐作为不同活动的动机。但要做到这一点，我们必须扩大快乐的概念。我们真正享受的大多数东西都是后天培养出来的。即使像看电视和读小说这样广泛的乐趣也不能立即并直接去享受。大多数人都会承认，享受性的东西有一些社会属性（除了显而易见的一点，即大多数形式的享受都是在别人的陪伴下度过的），我们必须培养品位，并学习如何获得快乐。

我们将继续推进，将快乐称为一种彻底的社会现象，或者说一种公共制度。不是说快乐是政府的一部分或是一个明确的组织，而是说快乐最好被看作一个社区成员之间的共享之物，个人快乐行为的观念是有误导性的。正是公共社会形式——快乐的制度，让我们最清晰地理解了快乐的形式。

因此，"对快乐的简单描述"似乎出奇的平淡。当然，搔痒的快感和喝一杯好茶的快感是有区别的。我们是不是要把攀登珠穆朗玛峰和戒毒者第一个月的快乐相比较？这不仅是因为快乐是一种由不同感觉组成的复杂事物，而且对我们来说，快乐似乎是超越个人的东西——它成为某种制度，与我们复杂的社会生活和我们用语言做出的判断联系在一起，并紧紧嵌入其中。

从某种程度上讲，正是我们的文化支持了我们在不同形式、类型和强度的快乐事物上做出区分，而这些区别并不容易与大脑某些部分的简单反应对应起来。对快乐的误解在于过分强调我们自己的内在体验。"个人感觉"是理解快乐概念的一个不稳定基础，因为我们原则上无法分享和谈论什么是"个人的"。然而，已经存在一个发展了几千年的外部世界，用于以公共的方式管理、谈论和参与快乐。

正是维特根斯坦提出了最著名的把对心理感受的批判作为理解享受的一种方式。他认为从个人感觉的角度来理解我们的精神生活是不重要的，特别是如何把感情和思想锁在一个似乎除了我们自己之外无法接触的概念里。当然，我们有很多机会接触到他人的"个人思想"，因为我们每天都会把它们向他人公开。我们花了很多时间讨论和描述我们的感受。人们学习外语的第一件事就是学会说"我喜欢"，从一个直截了当的意义上讲，这告诉我们快乐是如何依赖于分享的。

对此，人们可能会认为，个人心理行为是快乐的开始和源泉，但这种行为是在文化或社会层面上发展起来的。我们在大脑中感到愉悦，然后学会与他人谈论这种愉悦，并发展出一种更为复杂的语言来接触和描述那些内在感觉。也许我们会寻求别人的指导，训练我们重视其中一些感觉，但学习源自我们自己的经验。这在很多方面都是一个诱人的观点，因为我们觉得自己的感觉可能是最主要的，对其他人的快乐的感受肯定是

"二手"的，与我们的感觉更为遥远。但想想我们在描述和谈论快乐时使用的语言。当别人处于快乐或不快乐的状态时，我们是多么善于察觉。当然，我们有一个基于区分他人快乐的完整的技能库。重要的是，我们在思考他人时使用的语言和工具在思考自己时也经常会使用。当我们描述自己的感受时，使用的语言和概念与其他人使用的语言和概念相同，我们会谈论伴侣的感受以及自己所体会到的同样的感受。当然，我们也用同样的概念来思考自己、训练自己，学习不同的感觉和感受。我们从别人那里学到对快乐的表达。

快乐是一种技能

让我们进一步发展这一观点。如果要拒绝"快乐只是一种精神上的感觉"这一想法，我们还能说些什么呢？如果它不只是在头脑中，还会采取什么形式？要做到这一点，我们需要分析性地踏入共同的快乐世界，特别是从他人那里获得快乐——快乐是一种需要学习的技能。

以麻醉药物这种可能被认为是最直接的快乐为例。当然，这是一种特别的身体快乐：放松和兴奋。然而，即使药物产生的刺激也是在与他人的共同生活中被观察和理解的。贝克尔在一篇题为《成为一名大麻吸食者》（*Becoming a marihuana user*）的文章中对吸食者的采访，描述了如何成为一名"瘾君子"，需要在社交环境中接受训练，以了解吸食后的兴奋感觉。

"瘾君子"必须首先对吸食毒品产生兴趣，也许是从吸食大麻的朋友那里了解信息或通过其他途径。在他们第一次尝试吸食这种药物后，会经历一段时间以各种方式去适应这种习惯。首先，人们必须学会有效使用它的技巧。这种培训通常是在一个包含更多专业吸食者的群体中进行的。其次，人们必须学会识别大麻产生的症状，并将它们与吸食行为联系起来。贝克尔的受访者做证说，他们最初有饥饿等症状，在其他吸毒者指出之前，他们无法将其与大麻联系起来。贝克尔解释道：

> 我在一次采访中被告知，"事实上，我见过一个爽翻天的人，他对此一无所知"。我表示难以相信："伙计，怎么可能呢？"被采访者说："好吧，这很奇怪，我同意你的看法，但我亲眼见到了。这家伙跟我过不去，声称他从来没有兴奋过，其中一个家伙彻底爽翻了，但他一直坚持认为自己没有兴奋。所以我必须向他证明他兴奋了。"

也就是说，不经过训练或对结果进行某种讨论和解释，兴奋的现象和体验不一定是新手可以立即获得的。人们必须接受一些指导，才能认识到什么可能算是药物的不同效果，什么可能只是与他人交往的普遍良好感觉。

当这些影响被意识到之后，"瘾君子"必须更进一步，才能成为一个经常吸食大麻的老手。有人可能会争辩说，人们会立即毫无疑问地享受到这种感觉。但根据贝克尔的采访对象所述，我们可以理解这种感觉是愉快的还是可怕的。因此，为了成为一个吸食者，必须学会享受药物，至少必须想到它可能会在未来产生快乐。贝克尔进一步论证说，一个学会吸食大麻的人不仅必须能够识别关于大麻的症状，而且必须相信大麻是令人愉快的。从这一点上说，这个人要么在"技能"上取得进步，并识别出其他症状和感觉，要么恢复并失去这些能力。因此，即使是一种化学物质进入身体的经历，也取决于一系列的交流行为：

> 在这些行为中，其他人向他指出了他经历的新方面，向他提出了对事件的新解释，并帮助他对自己的世界实现了新的概念化。没有新的概念化，新的行为是不可能的（同上）。

药物对大脑和身体的刺激，必须通过与他人谈论和互动来理解。这并不是说没有其他人在场药物就不会变得令人愉快。当然，我们可以利用自己以前与他人相处的经验来反思并决定某件事是否令人愉快，但我们可能会怀疑自己。

其他似乎可以自动享受的东西也和毒品一样。通过听别人讲笑话，我们知道什么时候该笑。虽然这种笑可能是不自觉的，但它是由笑话的机制造成的。人们必须知道什么时候该笑，以免成为一个不称职的说笑者或倾听者。别人给我们讲的笑话教会我们什么是"有趣的"——什么是让你会发笑的东西。鉴赏家的好品位，例如如何区分好咖啡和坏咖啡的味道，不是作为一个个体学到的，而是在与他人的互动中学到的。

我们需要某种训练来产生一种特殊的感觉或体验，这似乎有些奇怪。我们习惯地认为，感觉和经验是任何人都可以通过生存而不是通过"学习"某个特定的领域获得的。维特根斯坦警告我们，不要做这些假设。他指出，在很多事情上，人们必须具备一定的能力才能体验。维特根斯坦举了一个例子：人们必须具备几何学的基本知识，才能看到三角形的某些技术特征，比如顶点。他断言，这种经验依赖于知识。

在三角形中，我现在可以看到这是顶点，那是底边。显然，"我现在看到这是顶点"这句话对一个刚刚遇到顶点、底边等概念的学习者来说还没有任何意义，但我不是说这是一个经验命题。"现在他看到了是这样的"、"现在是那样的"，只表明有人能够相当自由地应用这个图形。这种经验的基础是对一种技术的掌握。

想看到顶点，你必须要有一些技巧。享受的真正本质和意义不在于个人的感觉，而在于我们如何向他人学习、与他人交谈和与他人交往的社会秩序。

维特根斯坦在此基础上更进一步。他并不是简单地认为我们的个体行为是由我们与他人学习的成果所塑造和影响的，他认为快乐是一种公共行为。不存在个人乐趣，更确切地说，谈论个人的快乐是无意义的。因为个人的快乐是不能分享的，所以不能可靠地用有意义的术语来交流或讨论。这就是所谓的个人语言论证（private language argument）。维特根斯坦认为，尽管我们可能有一种他人无法获得的"个人感觉"，但我们无法确保两种感觉是相同的，我们给自己感觉的命名也没有任何可靠性。

温奇（Winch）解释了维特根斯坦如何将遵守规则视为一种公共行为。想象一下，有人正在被教导"珠穆朗玛峰"这个概念的含义。当他和他的老师坐飞机飞越喜马拉雅山时，老师用食指指着说"珠穆朗玛峰"。虽然这样一个表面上的定义似乎简单明了，但可能会导致混淆。初学者如何能够知道老师教了他那座山峰的名字，还是教了他"山"这个概念？初学者可能稍后会指向另一座山峰，可能是阿尔卑斯山的一座山峰，并说那是"珠穆朗玛峰"。在这种情况下，初学者就没有遵循老师教的"同样"的规则。规则中没有规定使用规则的具体应用。但是，如果有人指着阿尔卑斯山说"珠穆朗玛峰"，可能会被站在他身边的人纠正，这可能会引导他学会如何使用"山"和"珠穆朗玛峰"这两个词，使其与其他人使用这些词的方式相一致。初学者会开始遵循规则或定义，但他仍然可能犯错并被纠正。然而，如果我们谈论自己的个人感觉，就无法确定自己有没有犯错。没有什么可以确保我们正确地遵守规则。我们可以经常改变我们的意思。正因如此，试图谈论"个人快乐"在原则上是毫无意义的，或者至少在极端情况下是存在问题的。对维特根斯坦来说，我们的感受依赖于其公开表达。我们如果存在"个人精神生活"，那么它植根于我们谈论感觉和理解的文化公共世界。

因此，它伴随着快乐，正是通过我们与他人（父母、监护人等）的愉悦和痛苦的经历，这种感觉才变得具有稳定性和可复制性。这种快乐变成了"每个人都知道的东西"，我们可以逐渐理解：尽管"生活规划"可能很困难，有时也令人不愉快，但它可能会给我们带来快乐。

当然也有一些快乐，也许是不正当的快乐，我们会留给自己。但原则上我们可以和其他人分享。尽管其他人可能很难理解这些快乐，但他们至少可以尝试着这样做。而且，大多数所谓"个人"的快乐根本不是严格意义上个人化的。一些这样的快乐（如果你愿意也可以分享的个人快乐）来源于公众的摒弃——情色小说就是一个明显的例子。还有性行为也很难说是缺乏社会性的。

通过将享受理解为一种公共现象和社会现象，带来了一个全新的研究领域，即对体验的研究，为此我们不必发明一种新的术语来"萃取"精神行为的本质。几千年来，人类一直在谈论和参与这些经历，我们不需要特殊的工具或设备来了解这些现象。我们不必把人放在昂贵的大脑扫描仪器里，也不必在隐士般的沉思中度过数年。我们可以用那些有同样经历并与他人分享的人所使用的术语来讨论。我们不需要专门术语的原因是，无论我们希望人们做什么，其动机都将来自他们努力公开分享的快乐。

因此，各种形式的快乐是我们所处的丰富文化和社会世界中所嵌入和产生的。以这种方式理解快乐，可以解释它的一些奇怪特征。快乐可以在一秒钟内消失，也可以延续多年。人们可以说，一些往事（例如一个人的童年）是令人愉快的，即使在大多数时候人们可能没有在享受。对某事物的愉悦如果后来被认定是假的或是一种误解的话，这种感觉可能就会消失。我们不但可以质疑别人的快乐，甚至可以质疑自己的快乐。而且，正如前面提到的，我们可以区分性情的快乐（"我喜欢这样做"）和经验的快乐（"我喜欢这个"）。

让我们通过几个例子来理解一些"快乐"。比如登山者，他决定在攀登生涯即将结束时，最终尝试征服珠穆朗玛峰。经过许多天艰苦的攀登，他到达了山顶。第二年，他接受了当地一家报纸关于这次活动的采访，并宣称这次登顶虽然很艰难，却是他所做过的最愉快的事情。到达顶峰的经历中最令人愉快的部分到底是什么？我们会把最享受的时刻限定在登顶时大脑的最大刺激上，还是限定在确认成功的时刻？攀登本身是痛苦而不愉快的，但它是登顶的乐趣的一部分。当然，乘直升机去山顶就变得毫无意义了。此外，我们是否要把这种享受限定在登顶那一刻？获得的成就会回报他们的享受，例如在加德满都的登山者酒吧签署官方记录簿，获得尼泊尔旅游部的官方认可，与其他登山者会面并被认证为珠穆朗玛峰的登顶者。如果我们通过这个例子来思考，那么享受就不一定有时间限制，也不见得发生在大脑受到最大刺激的那一刻。快乐来自成就，例如登顶珠峰对生活的影响，以及你对自己的印象和别人对你的看法等。

我们可以把这个成功的登山者和一个几乎到达顶峰却不得不回头的登山者作比较。他对朋友们说，这次攀登是他一生中最大的失望。似乎没有获得任何乐趣，也没有得到任何认可。然而，直到那个失败的登山者转身的那一刻，他的攀登几乎在各个方面都与成功的登山者相似。

当然，攀登珠峰是一个极端的例子，但它给了我们一个暗示：我们将快乐视为一种不仅限于精神行为的东西——一种对我们在某个特定时间点感受到的刺激的反应。愉快的经历往往在时间上被拉长，没有一个明确的开始或结束。它们也可以改变，例如人们可以证明自己被欺骗了，一个被认为是愉快的经历实际上是一个残酷的笑话。一个天真地以为自己很享受的登山者可能后来会知道夏尔巴人并没有认真地相信他会登上珠峰，他们还在背后嘲笑他。他甚至可能发现自己被夏尔巴人蒙蔽了，他没有真正到达山顶。快乐会突然消失，取而代之的是羞耻和失望。

享受会超越个人感受；它甚至可以被改变和修正。这并不意味着我们永远不知道自己是否真正享受了什么。我们每天毫无困难地享受事物。然而，我们可以改变自己对享受的想法。当然，如果我们把享受看作一种简单的精神行为，那么这就成了一个很大的问题。如果我们在登山者攀登珠峰的过程中对他们的大脑进行扫描，就会在攀登的不同地点得到不同的结果。我们很可能会发现登山者的兴奋或沮丧。这些反应可能在某种程度上与他们的感觉相符。然而生理状态并不是纯粹的享受。我们必须把享受理解为一种丰富的社会制度——世俗的、需要学习的、有技巧的和复杂的。

那么，我们该怎样看待快乐（大笑、微笑等）的表达呢？这些不是简单形式的享受吗？不，它们是享受的标准。如果没有这些标准，就很难理解快乐的程度。此外，这些标准可能随后会被发现是错误的。这些标准是享受的公共制度生活的一部分。它们是我们用来决定什么是令人愉快的、发现什么是令人愉快的，以及如何向他人展示这些快乐方式的一部分。这不是说公开展示是真实的，或者个人感情是虚假的，而是说，如果不按照既定的公共标准去做，就不可能理智地谈论个人感情。格林（Green）曾这样表达：

　　一个内在的过程需要外在的标准，例如，我们不知道什么时候该说人们有某种感觉，也不能解释什么算是有某种感觉，除非我们对某种感觉的描述与这种感觉的自然表达联系在一起。

快乐是平凡的

　　关于快乐的标准引出了我们的第三个问题：我们是如何谈论和描述快乐的？这里要提及经验的作用。麦卡锡（McCarthy）和赖特（Wright）在《技术和经验》（*Technology and Experience*）一书中，把享受看作体验的一方面，即作为意识的一部分。通过认真且成功地尝试研究享受的各种经验，尤其是涉及技术的经验。《技术和经验》一书在设计研究领域产生了特别的影响力，值得一提的是它将一系列的尝试建立在对产品特性的描述之外，并理解设计对象的感觉。对享受的兴趣来自麦卡锡和赖特对研究和设计技术所带来的体验的普遍兴趣。麦卡锡和赖特认为，为了设计事物，我们应该把注意力重新集中在"感觉生活"（felt life）上，他们讨论用户如何体验"实际"技术。我们不应为了性能或易使用性而优化技术，而应关注内心感受形式的体验。麦卡锡和赖特在丰富了经验观的同时，也把我们带到了一条危险的将日常生活哲学化的道路上。这在经验上误导了我们，使我们去寻找特殊的艺术体验，而不是我们每天看到的享受。

麦卡锡和赖特的核心论点是"感觉生活"，它包含了技术的情感品质，即我们在与技术互动时的情感和感官反应。他们认为以前的理论方法忽略了这些经验。心理学和社会学方法关注的是围绕着行为互动的社会和物理环境，而没有注意到不同的人工制品不仅在效率上或工作中发挥作用，而且在我们的技术使用体验中发挥作用。麦卡锡和赖特认为，由于"信仰和意识形态"的影响，社会生活的这些方面已经被忽略了。他们断言，研究人员忽略了生活经验，而把注意力集中在容易被看到和研究的事物上。这就引出了一系列问题，到底什么是"生活经验"，以及如何研究这一概念。

在"试图扩大话语、服务想象、强调特定情感"的过程中，麦卡锡和赖特转向了美国实用主义哲学家约翰·杜威（John Dewey）和苏联哲学家巴赫金（Bakhtin）的哲学。实用主义的经验哲学强调了互动中的情感品质，特别是身体参与感觉和行为的方式。因此，它不仅关注使用者在特定情况下的感受和行为，而且还关注我们的身体与周围事物互动时的感受发生方式。根据麦卡锡和赖特的说法，"杜威描绘的画面是这样的：正是通过感觉器官，生物直接参与了与它们相关的世界。它把注意力集中到那些预先被掌握的事物上，使之成为一种直接的感觉，在这种情况下，物质世界的奇迹在经验上成为现实"。经验是通过特定的感官进入我们的身体的。因此，我们观察和行动的所有不同方式都会影响我们对世界的看法和经验。

麦卡锡和赖特接着转向巴赫金的观点，即每个人在世界上都有一个独特而有界限的地方。在巴赫金的哲学中，身体是很重要的："人们对自己的痛苦和不适与另一个人所描述的痛苦之间的区别的认识肯定了自我和他人之间的界限。我只能想象你的痛苦，但我永远无法体验它。"体验比行为更"个人化"、更深刻。用个人主义的观点来看，只有在上述基础上，个人才能拥抱社会生活。巴赫金指出了其中一个悖论，即我们出现在别人的视野中，而不是出现在我们自己的视野中。比如我们会经历别人的出生和死亡，而不是我们自己的。与他人接触是在这样的情况下产生的：我们自己的感觉器官提供了他人的图像，我们自己的身体、生活和经验却不复存在。正是这种缺失导致设计师忽略了在技术应用中最重要的部分情感。设计师关注的是行为、身体和认知，但对不能直接感知的东西关注不充分。根据麦卡锡和赖特的说法，设计学已经失去了对技术经验的关注。为了弥补设计中情感的缺失，他们提出了新的方法在技术体验中更好地解释——"一种将我们带入感觉生活领域的语言"。这种语言基于麦卡锡和赖特所偏爱的哲学传统：

> 我们把杜威的行为模式形容为玩耍的孩子，并不是说这代表我们观察到和了解到了人类行为。相反，本着实用主义的精神，我们正试图调整思考的方式，以考虑行动中的游戏性与创造性的潜力。当我们将技术概念化为经验时，我们试图通过使技术经验的可见方面变得不可见来重新审视技术。

这并不是试图解释或表征在现实生活中实际感受到的经验。麦卡锡和赖特认为，出于设计目的，用自己的语言和语法来记录和描述我们的经验是不合适的；相反，我们应该从一个直观的角度来呈现我们的生活，借鉴哲学，建立一种新的感官语言。"审美体验"（Aesthetic experiences）是其中的核心："在审美体验中，手段与目的、意义与动作的生动结合，涉及我们所有的感官和智力，在情感上是令人满意和满足的。每一个行为都与整个行为有意义地联系在一起，并被体验所感觉到，成为一个具有统一性的整体。"伟大的艺术或伟大的时刻在生活中感动我们，其方式超越了平常之物和寻常之事。通过记录和理解审美体验，我们可以描述情感并影响日常生活中技术的设计。

　　总的来说，审美体验是令人愉快的。有些甚至可能是特别难忘的经历之一。然而，麦卡锡和赖特认为，享受并不是这些体验的重要组成部分；他们希望强调的是体验的审美本质。麦卡锡和赖特从他们自己的生活中提供了两个例子：爵士音乐家考特尼·派恩（Courtney Pine）的一场音乐会和购买一台新电脑，这些经历值得探究。他们认为，正是在这样的审美时刻，即语言的作用被淡化、感知被优先考虑的时刻，我们才能充分地生活。当我们考虑麦卡锡和赖特所说的美学的敌人时，对个体的关注就变得更加明显，"漫不经心地无所事事，在实践和动脑的过程中服从惯例"。一种审美体验必须是独特的且有界限的。

　　麦卡锡和赖特认为，通过审美体验有可能创造出一种表达这种情感的语言，而不是一种已经存在的语言（因为这些经验超越了语言）。训练有素的分析师的工作是利用新概念来理解这些经验。通过研究这些宏大的审美体验，我们可以把它们作为"回顾普通体验"的工具，目的是继承杜威的观点，恢复美与平庸之间的连续性，因为现代社会中工作和感觉生活已经分离。

　　麦卡锡和赖特认为，在设计和进行数字技术研究时需要关注感觉生活。作为思考享受的起点，它吸引了人们对设计的注意。它帮助我们把快乐当作感觉到的东西，而不仅仅是我们可以衡量的东西。它也开始强调情感会影响我们对技术的态度和使用的情况。同时，它努力在概念上描述经验和生活中的日常部分。正如我们一直强调的：我们通常用的计算和描述经验的修复方法，对于设计来说是行不通的。我们需要哲学上的修复，这本身也许并不合理。例如，我们可以想象出，如果你在做政治决定，可以借鉴正义哲学。然而对于研究工作来说，这样的借鉴就值得怀疑了。

这将使研究朝着一个偏离实证的方向发展。早期的一个问题是诉诸"真实"体验的概念。尽管麦卡锡和赖特会否认，但他们的书中有一种倾向，即认为经验是个人的而且是难以理解的。就主观而言，似乎有必要对经验进行改造以便从个人角度拯救它们。他们的方法从极端的经历开始，我们看不出有什么特别的原因使得这些经历具有启发性，比如早晨醒来后的头几分钟，或是在长途汽车旅行后小便时的那种兴奋感。当然，这里有一些规范性的判断，知识分子可能会认为某些经验更有价值，但我们认为没有特别的理由将审美经验具体化，因为这样会打开主观世界的大门（而在我们的案例中是让人们了解享受的各种形式）。

这种方法，再加上产生一种新语言的需要，使我们不禁发问，是否真的需要强调个人情感。任何试图解释和描述自己经历的尝试，都会吸取人们一生中向他人传达自我感受和经历的经验。因此，任何经验主义的程序都将借鉴我们共同的生活经验：诗歌跨越了诗人、诗句和体会，永远都是押韵的。此外，把注意力放在作为经验容器的个人身上，最终会让我们忽略那些用来理解他人的资源。也许我们都有一些共同的基本情绪状态，当然这些经历和感受与其他人的处境紧密结合在一起。毕竟，赖特和麦卡锡借鉴的是社交场合，例如在音乐会上听音乐等。感觉生活在很多方面取决于所处社会活动的细节，这正是以前的研究所记录的。在已经涉及经验的研究领域（例如游戏设计和媒体接受度研究），我们发现了一套已经存在的经验方法，通过与已用于理解技术的方法类似的方法来理解他人的经验。

我们更担心的是，麦卡锡和赖特似乎不是想通过强调和借鉴千百万年在他人陪伴下发展过程中形成的已有方式，而是通过借鉴哲学来了解感觉生活。从一开始，这种方法就被认为是一种智力练习，缺乏感觉生活的基础。我们发现很少有什么能引导我们去理解眼皮底下已经存在的东西，即我们日常描述理解和解释经验的方式，包括享受在内。麦卡锡和赖特提出了关于建立世界显著概念化的哲学讨论的必要性。"向实践转向"已经错过了把重点放在经验的理论讨论上。然而，我们并不确信现在是否要放弃详细的实证研究，而转向以哲学为指导的个人反省。当我们已经具有了一种有效的语言时，为了情感而追逐一种新的语言是危险的。

我们主张用一种更简单的方法来描述和理解快乐，这是一种嵌入快乐中的感觉和体验。快乐是我们每天从别人脸上看到的东西。我们每天都能理解别人的感受，我们很容易同情他们，我们一眼就能看出他们是高兴还是悲伤。而且，我们自己也会表现出快乐或悲伤，我们的快乐或悲伤其他人也会意识到。赖尔写道：

> 我们不需要使用任何专业的研究方法，就知道自己是否享受了清晨的时光，甚至更普遍地讲，就知道自己喜欢板球还是足球。

对于别人想法中那些很难读懂甚至不可能读懂的东西，从实用的角度去理解要容易得多。我们的感情似乎可以被别人理解，至少在日常生活中是这样的。这也许并不奇怪，因为我们的幸福感在很大程度上取决于我们的共同生活。如果没有计算或评估他人幸福感的手段，很难想象我们会如何处理自己的事务。所以我们认为个人的东西通常都是要和别人共享的。

这意味着我们在寻求理解快乐时有丰富的词汇可以依赖。我们已经是读懂别人快乐的专家了。这与麦卡锡和赖特的哲学倾向背道而驰，我们仍然生活在平凡的快乐之中。

用普通的语言来谈论和理解快乐，给了我们许多机会。首先，它能够让我们描述在活动中的快乐，这些活动不仅是在他人的陪伴下进行的，而且还依赖于社区及其稳定性。任何关于享受的理论都需要证明和理解享受是具有社会性的。其次，它有助于我们超越这样的观点：快乐是简单、无瑕疵且可测量的。这并不是说不同的享受体验是不可比较的（比如，油画就可以比较）；这仅仅是说，把享受降低为一个矢量是行不通的。

这种对共享公共资源的概念性关注，使我们能够开始与享受的社会组织打交道。我们对享受的感觉大部分是与他人分享的，它的意义和组织来源于我们所属的社区。我们在特定的文化中成长，并从中获得一种对快乐发生的场合以及快乐如何在这种文化中发挥作用的精细感觉。我们认为，快乐不是个人的体验，而是深层次的文化感受。

快乐是感觉到的

尽管我们对麦卡锡和赖特的上述观点持批评态度，但他们的另一个做法是有价值的。他们强调"感觉生活"，而没有仅仅把享受描述成有秩序和有条理的。他们强调，享受也是感觉到的，有体验的特征，而且我们能够习惯性地谈论和描述这些特征。我们感到享受，这些感觉通常被描述为牙痛、饥饿、数学或艺术。

对我们在本书中的研究有着巨大影响之一的是哈罗德·加

芬克尔（Harold Garfinkel）的著作，他发起并影响了一个关于民俗方法学的项目。根据劳里埃（Laurier）的说法：

> 对许多人来说，令人惊讶的是民俗方法学经历了一次复兴，它在法律、医学、计算机科学、数学、商业、市场营销和管理、组织研究和科学技术研究中都有涉及……在社会科学领域，民俗学停留的时间更长一些，并在许多不同分支学科里产生了详细的研究成果。

"工作场所研究"中曾使用了民俗方法学，这是一组起源于技术研究的民俗学研究，在社会学、管理学和地理学中得到了更广泛的关注。在这些研究中，人们关注的焦点是加芬克尔所谓的日常生活中"缺失之物"，不仅是关于生活中的细节或琐事，而且包括世界普遍而复杂的结构。在许多学术研究中，这些结构被认为是理所当然的。然而，民俗方法学研究的主题是人们如何互动、谈话、散步、工作、旅行、违反法律以及哭泣。例如，当人们交谈的时候，通常不会一下子就吐露心声，而且他们的谈话中存在一种结构。当有人提出邀请时，有一些拒绝邀请的方式可以避免显得粗鲁。其实，我们的活动不是由这些结构决定的。相反，这些结构被用来理解别人的行为和我们自己日常组织的活动。这些都是民俗方法学研究的结构，与社会科学中普遍使用的"结构"概念相反。

　　然而，民俗方法学不只是一种在主题上的划分。它不同于符号互动理论（symbolic interactionism），也不同于德塞托（de Certeau）的方法，它关注社会世界的细节，但它看到的是这些细节本身的意义，而不是更广泛的含义。因此，德塞托关于在城市中徒步的一篇美文很快就停止了关于徒步的讨论，转而开始讨论对徒步的限制，以及它与语言的相似性。另一种选择是雷亚夫（Ryave）和申金（Schenkein）在 1974 年的一篇关于徒步的文章讨论了这一话题，并提出了若干问题，比如"我们如何能够作为一个群体在街上徒步？"群体行走取决于一些技能，比如要能够看到家庭伴侣和其他群体，这样我们就不会在一对夫妻之间行走，也不会穿过一个群体。令人惊讶的是，我们发现，徒步依赖于可靠地看到群体和夫妻的能力。

　　然而，有时民俗方法学似乎出奇地冷淡，且与事件的经验毫无关联。然而，如果我们回到民俗方法学的一个原始文本，可能会惊讶地发现其分析中对情感的敏感性。在加芬克尔的《民俗方法学研究》（*Studies in Ethnomethodology*）一书中，描述阿格尼丝（Agnes）时，情感起着重要的作用。加芬克尔与阿格尼丝有来往，他们定期在医院见面，讨论她想要做变性手术的原因和可能的后果。阿格尼丝出生时就有男性生殖器，因此被当作男孩养大成人，但她一直认为自己是女性，在十几岁的时候决定成为一个女人。加芬克尔对自己生活的表达和分析，丰富了阿格尼丝对自己情感和行为的描述；书中还详细记载了加芬克尔对她的一些描述的接受与拒绝。加芬克尔对阿格尼丝的感受和行为的描述在他对性别特征的分析中发挥了重要作用。由于阿格尼丝和加芬克尔都把阿格尼丝描述为"美丽的"，因此他们使用的美学词汇依赖于他们两人对美的认识和体验。

加芬克尔的分析显示了阿格尼丝是如何着手研究女性应该是什么样的。加芬克尔感兴趣的是她如何努力追求与女性身份的一致性，以及她如何扮演女性角色，用特定的语言手段掩盖形象中的一些不一致之处。加芬克尔分别解析了两种成为女性的方式。首先，运用博弈论的方法探讨了阿格尼丝的经历及其与性别的关系。当人们玩游戏时，他们会在有限的时间内遵守一套基本规则，同意这是某种人为的状况。为了使阿格尼丝的女性气质获得成功，她必须具备"关于规则的工具性知识，她可以假定这些规则以类似的方式为各方所知并对各方具有约束力"。这一工具性和游戏性特征的一个突出例子是，阿格尼丝利用了加芬克尔所称的"传递装置"（passing devices）来确保她的身份被视为女性。例如，用委婉语来形容她与家人的会面是"美妙的"，并且开始瘦身，以便从男孩的样子转变成女人。加芬克尔补充说，阿格尼丝的游戏式描述"比实际情况要好得多，更有价值、更完美也更令人愉快"。其次，加芬克尔发现了一些抵制博弈论解释的例子。很多时候规则和目标都不清楚，阿格尼丝必须冒着巨大的风险去学习。失败会带来严重的后果。在这种情况下，没有机会选择退出或重新开始"游戏"。这种情势最好被描述为"自然的正常女性"——她的感觉和经历是持续的和发展的。加芬克尔进一步举例说明了这一立场：她被其女性亲属视为竞争对手。

在解释正常的自然位置时，加芬克尔的分析不仅报告了阿格尼丝的感觉，就好像它们是可观察的、可分享的和可延展的。他在报告中还说，她的经历对他理解阿格尼丝以及她给社会学带来的东西具有重要作用。报告中描述的感觉强调了成为女性不仅仅是一种游戏。重要的是，加芬克尔在《民俗方法学研究》一书中强调，游戏中的女性和自然女性都是从她的生活中浮现出来的：

> 自然女性是她各种策略必须满足的条件。阿格尼丝不是一个游戏玩家。"自然女性"是众多"制度"约束中的一个——"非理性的给予"（irrational givens），这是她在面对所有相反迹象和其他优势及目标的诱惑时所仍然坚持的。

加芬克尔阐述的力量在于，他超越了把阿格尼丝的生活方式看作语义游戏的范畴。他把她的立场自然地与感觉联系起来，这种感觉似乎是被给予的和持续的，但仍然是制度性的。如果她只是在"扮演"一个女性，理论上她可以是一个扮演女性的男性。加芬克尔对她和性别的描述显示了更多的东西，因为这不是一场游戏。阿格尼丝也是女性，因为她以一种更广泛、无界和普通的方式作为女性而生活。如果这一分析再辅以她的生理性别既是男性也是女性的事实，即表明性别在很大程度上是一种生活形式，它与身为一个人的各个方面，与同他人生活在一起的感觉交织在一起。加芬克尔的分析表明，必须要先解释阿格尼丝的生理、个人和社会经历，然后才能理解性别的本质。加芬克尔的分析是对那些试图以隐喻的方式看待社会生活，认为"人生如戏"的人的批判。但加芬克尔并没有明确说明他的分析如何依赖于感情的描述。与游戏不同，性别不会"暂停"。

加芬克尔把对情感与细节的关注结合在了一起，而这些细节正是《民俗方法学研究》的知名之处。然而，这种对细节的关注有时也会分散人们的注意力，不把严肃的情感视为活动的可观察特征。为了说明这一观点是如何运用的，我们将转向另一个民俗方法学经典文本：大卫·苏德诺（David Sudnow）的著作《手的方式》（*Ways of the Hand*）。

苏德诺对于如何在钢琴上即兴演奏爵士乐——学习并发出自由风格的爵士乐的声音提出了一个民俗学的描述。它与解释性的叙述有所区分，因此排除了"内省意识"（introspective consciousness），是结合身体和审美实践的奇特表达。例如，苏德诺描述了他如何越来越多地获得了在时间和空间上扩展双手的技能。他举例说，他需要知道在演奏中要听什么，如果没有对接下来可能发生的事情的预期，就很难听到音乐。他还描述了手是如何在可用的空间中工作的，以这样的方式最终关注手指下一步应该做什么。然而，我们很少提及情感或审美情趣。在加芬克尔对阿格尼丝的描述中，我们几乎没有找到那种情感记录。这导致了一种几乎是机械的对学习爵士乐的描述——剥夺了演奏中的冲动和兴奋、个人经验的激励。如果有什么的话，那就是自省。这可能被松散地纳入了"现象人类学"（henomenological anthropology）的传统中。情感的传递可能是由于处理此类问题时遇到的困难，或者是由于情境情感体验和苏德诺所试图避免的"内省意识"的混乱。如果作者开始构建这样一个内在的自我，那么在内省中就会失去感觉。然而如果在这里抵制任何对情感的描述，就是把这种活动变成一种奇怪的、扁平的、几乎认不出来的行为。演奏可以是惊险的、无聊的、乏味的或令人兴奋的，这些特点可以观察到。作为我们生活世界的感觉特征，它与时间的流逝或不同活动中的困难同样重要。

享受的实证计划

现在我们对什么是享受已经有一些理解，即享受是世俗的、有技巧的、平凡的和感觉到的。这种描述打破了把快乐作为大脑的一种工作形式的物理描述，也打破了把快乐描述为精神事件的心理描述，以及仅从我们的偏好和决定中看到快乐的实用主义模型。用这些术语来描述享受的优势在于，它给了我们一种实证性地研究享受的方法。这种模式把快乐安排成我们的所作所为，比如编织或美术。这是一种我们已经学会区分和应对的实践。享受包括各种不同的技能。人们必须学会具体如何去做，才能恰当地享受他所追求的东西。有时，人们可能会从事一项活动并立即从中找到乐趣；而另一些时候，找到乐趣可能需要数年时间。重要的是，快乐是我们一起讨论、决定和辩论的事情：你喜欢这个吗？她喜欢吗？现象学的经验在这里很重要，这样做很理智，因为它是共享的。我们可以感觉到我们享受了一些东西，但随后我们会改变主意，因为享受就像"善"或"公平"一样，这是需要分辨和争论的。我们在语言和行动上决定什么是快乐，什么是不快乐，谁快乐，谁不快乐。

我们的目标不是严格定义什么是快乐。正如赖尔提醒我们的那样，快乐是什么或应该是什么，并不是由我们这些"专家"来决定的。相反，这是世界上日复一日发生的事情。但是利用概念模型，我们可以走出去，寻求理解快乐的不同形式，不是作为一个可衡量的变量，而是作为我们所做的不同事件，可以宣布或回顾，丢弃或提高。

那么这对学习快乐意味着什么呢？我们称自己的计划为享受的实证计划，部分是为了向科学研究改革中相对主义的实证计划致敬，同时也为了强调它为实证研究提供的空间。在本书中，我们重点关注在一系列不同研究中对这一实证计划的遵循。更具体地说，我们关注四个主要的功课，大致对应快乐的四个方面。

第一，既然快乐是世俗的，那么世界上只有一个地方可以去寻找快乐。这意味着纯粹的自省是行不通的。我们可以去寻找快乐，看看它是什么并涉及什么。此外，没有什么特别的地方可以深入，尽管快乐的某些方面可能比其他方面更为明显，但我们并不把特殊的快乐优先于其他快乐。我们需要走出去，观察快乐的多样性，了解它涉及的内容，记录它的迂回曲折。

第二，快乐是一种可以学习的技能，我们强调亲身体验快乐的重要性。要了解一项技能的学习，以及拥有该技能如何改变人们对世界的看法，就必须去参与活动。在参与的同时还需要尝试理解，当区分好与坏、一般与特殊时，什么是令人愉快的。要确认某事件的技能，不仅要知道是什么使其成为可能的、它的总体组织特征，还需要理解什么是成功的关键。

第三，我们认为快乐是可以被常规描述的，我们试图揭开快乐研究的神秘性。这里不需要特殊技能，需要的是恢复我们现有的认可和参与的技能。我们都是快乐的专家，但很容易神秘化或歪曲现实。研究普通快乐的组织和感觉仍然是一个挑战。对普通人的关注是对日常世界的民俗方法学论点的回应。

第四，快乐是感觉到的，这一论点强调，不仅要描述人们在享受时所做的事情，而且要描述享受的感觉经验。我们并不是要把快乐神秘化，而是要用我们擅长且能认识到的方式来认识和描述快乐。然而，要描绘出一幅公平有趣的肖像，必须通过他人的行为和标准来描述我们对快乐的认知。参与本身就是一种奖励——我们找到或找不到的快乐给了我们材料，帮助我们记录参与者所体验和感受到的快乐。

我们从快乐作为一种精神行为的"简单理论"开始。根据赖尔的观点，我们探讨了这样一个描述所呈现的问题，尤其是它如何未能解释我们生活中快乐的语义和社会的复杂性。为了得出一个更准确的解释，我们试图探索精神能力如何依赖于不同的技能。快乐取决于我们对生活的理解，所以我们可以在别人身上认识到快乐，并在自己感觉到快乐时加以描述。这让我们考虑到麦卡锡和赖特对享受体验的感觉和对生活的关注。尽管我们赞扬他们试图超越简单的可测量性方法，但质疑他们对"感觉生活"或个人体验的过分关注。

我们把这些论点结合在一起，形成了"快乐的制度模型"——快乐是作为一组复杂的学习活动和实践而存在的，这种概念可以通过观察我们如何理解、游戏和生活在一起，并通过判断我们自己和他人的愉悦感来进行研究。我们将快乐称为一种"制度"，我们将快乐视为一种社会事业，我们集体从事可以作为一系列约定、语言和课程的研究。这产生了一个更丰富的概念："快乐的实证计划"。即我们应该如何运用不同的社会科学方法对快乐进行实证活动，而不仅是简单地将快乐作为个人和群体来解读的变量来考量。

第三章

游戏和享受

游戏在现代文化中的角色

正如在第一章中所指出的，我们的主要目的是提出关于各种形式的享受如何依赖于技术的实证发现。电脑游戏业催生出了大量丰富多彩的体验，一系列的学科都开始研究游戏是如何生产、乐在其中和销售的。当然，并不是所有的游戏都是用电脑玩的，但电脑游戏是一个重要的例子，它说明了技术不仅用于工作，而且用于娱乐。游戏的广泛影响也推动了计算机硬件的发展，引发了公众对儿童健康状况的关注，并使无数游戏玩家进行了超长时间的享受。

游戏在现代文化中扮演着重要角色。游戏对文化发展、儿童成长和社会关系的影响都受到了学术界的广泛关注。对游戏的研究已经用不同方式记录了游戏之于社会的方方面面。例如网络环境的社会组织、网络聊天的性质，以及这些环境如何支持愉快的互动。这些研究还考察了游戏玩家的创造力、"经济"发展、友谊和游戏成瘾。从广义上看，一些学者认为，游戏是社会文明化进程的一部分，反映了一种文化的智力价值。另一些学者则认为，游戏的本质是"与物质利益无关的，无法从中获利的"。作为一个领域，游戏研究既着眼于非科技游戏（儿童游戏、棋盘游戏等），也着眼于电脑游戏所采取的快速变化形式。

虽然我们承认这一重要性，但在很多方面，当我们关注技术和享受时，仅仅关注视频游戏可能会产生误导。虽然我们不想淡化它们的作用，但它们只是我们与技术互动的一部分。然而，即使有了电视，类游戏的元素也越来越多，游戏在各种各样的技术应用中找到了出路。自电视诞生以来，游戏节目一直采取一种古板的形式，但现在观众可以通过投票或手机参与。游戏体验可以通过媒体以更具互动性的方式与游戏联结起来。社交网站已经在设计中加入了许多类似游戏的元素，而游戏本身也加入了社交元素。即使是最具功利倾向的制度，也会被同化为类游戏形式。因此，虽然游戏在描述整个科技领域的乐趣方面可能具有局限性，但重要的是要认真对待它们。

享受也是游戏研究的核心。与其他研究领域（如经济学）不同，在游戏研究中，享受被简单地视为一种"结果"。游戏研究中对享受的实践，特别是对游戏的各种形式进行了详细研究。在对游戏的研究中，还发展出了一系列强大的概念来理解如何设计游戏以及如何玩游戏。尽管游戏研究领域有一些缺点，但它提供了很多关于我们如何与他人一起组织愉快活动的见解。

游戏研究的概念

游戏研究中提出的一个问题：为什么游戏是享受？这个问题在游戏设计中特别重要，因为大多数游戏的失败是因为它们无法让游戏变得有趣。游戏研究已经发展出一套有用的概念用于思考享受实践和享受安排。其中，有四个概念特别有用：模糊性（ambiguity）、魔法圈（magic circle）、挑战（challenge）和流动（flow）。

我们可以从萨顿-史密斯（Sutton-Smith）和他对游戏的讨论开始。萨顿-史密斯指出了游戏中的七个"模糊性"，强调了游戏的"边缘性"（liminal），即它是介于现实和非现实之间的。当动物玩互相追咬的游戏时，它们知道好玩的轻咬几乎像是真正地咬，但又并不完全等同。我们可以去一些地方参观、看电视、做梦，甚至用嬉戏的方式闲聊。游戏元素让我们以一种非游戏的方式表现出来，但并不完全遵循这种意义。正如嬉戏打斗让动物学会了当需要认真打斗时它们需要做些什么，我们也可以在游戏中开展现实的事件。国际象棋正是因为有着战斗的影子，所以才是好的游戏；也正是因为对市场的模仿，《大富翁》（Monopoly）才是一个好的游戏。我们很难同意《俄罗斯方块》（Tetris）是对"冷战"紧张局势的模仿，但可以肯定的是，游戏会反映我们自己的时代或提供对我们所处困境的洞察方式，并为游戏体验增添色彩。

电脑游戏通常有着丰富的情节和人物，在这里，游戏的模糊性让我们在游戏人物的挣扎中看到了自己的挣扎。游戏为不同形式的愿望实现提供了机会，这可以增强游戏的乐趣。在《侠盗猎车手》（Grand Theft Auto）中，与警察的较量不仅是对虚拟人物的操控，也不只是灵巧的操作。相反，它涉及警察在虚拟的美国城市里追捕角色，在虚拟的时代广场或好莱坞山上引爆汽车。游戏的这部分并不具有模糊性，不会让我们以为真的在枪杀警察，而是让我们有一个虚拟的游戏行动。游戏也会与其他媒介相呼应，《侠盗猎车手》就强烈呼应了犯罪电影和书籍等其他媒介，具有可笑的相似之处。事实上，有时游戏的真正贡献在于，它们让我们在熟悉的地方玩——西部荒野、银河太空之战、20世纪70年代的纽约市等。因此，具有模糊性的不是现实生活和游戏之间的关系，而是我们熟悉的幻想和小说、电影以及我们选择的游戏沙盒之间的关系。也许正是这个原因，电子游戏中的角色经常是老套的，使得这种模仿变得显而易见。

　　如果说"游戏"利用了模糊性，与其他媒介以及现实生活经验相呼应，那么游戏在虚拟现实中也很重要。"魔法圈"是游戏和现实生活之间的鸿沟，尽管是可以相互渗透的。让我们的行动（如动物撕咬）得到充分执行这一点很重要。魔法圈作为行动的边界，让我们可以把它们的意义理解为游戏中的动作，而不是现实生活中的动作。魔法圈是一个常见的别人对我们行为的解释框架。它提供了一组有意义的资源，可以用来解释我们的动作——比如移动棋子和掷骰子，它们的含义来自在游戏中作为动作出现在圈内。魔法圈依赖于行为规则的创建，当你玩游戏时可以用这些规则来解读和理解你的行为。

　　随后，魔法圈作为一个障碍，赋予行动在游戏中的意义，并限制我们的行为。事实上，电脑游戏的一个创新之处在于，这些约束可以或多或少地自动化。这使我们能够进行更丰富的行动，因为我们不需要监控自己的行动，也不需要计算在战斗中流血的可能性……电脑游戏可以使魔法圈的运作以及随之而来的规则和意义自动化。

　　像其他分析工具一样，魔法圈的概念可能被过分扩大了。它不是无法渗透的屏障。人们在某个特定游戏中的表现如何，对其他人来说可能会有重要意义。我们可能会在游戏中表现出我们生活中其他方面的冲突。然而，游戏的意义近似于我们在游戏中实际做的事情。从空气到水，魔法圈更多的是一种材料的变化，而不是阻碍或限制。我们在游戏中的行为对我们来说是相当重要的。例如，《魔兽世界》（*World of Warcraft*）的玩家必须对游戏做出相当大的承诺：他们必须围绕游戏中的事件来组织其生活的某些方面（如他们醒着的时间）。所以并不是说这个游戏在魔法圈之外没有意义。事实上，如果一场游戏开始与圈外的世界发生太多冲突，我们可能就会积极地监管边界，并选择拒绝或降低我们对该游戏的投入。

在游戏中操作魔法圈以及破解障碍的过程，也需要有相当大的创新。这些游戏再次利用了游戏动作的模糊性，但由于动作是在游戏中还是在现实生活中的不确定性，又增加了一个额外的双重模糊性。第二个设置是魔法圈的时间边界。通常当我们玩游戏时，在"游戏时间"和"非游戏时间"之间有一个严格的无标记屏障，然而一些实验性的游戏试图与我们的日常生活交织在一起，把游戏的时间分布在一天中。这样，虽然某些动作很明显是"游戏动作"，但它们可以利用日常的时刻与活动。

魔法圈是如何让游戏变得有趣的？首先，我们可以在游戏中做一些事情，这些事情如果在现实中去做的话就会产生严重的不良后果。在一些电脑游戏中，我们可以"扮演"警察杀手或歹徒悍匪的角色，但可以跳过医院探视和监狱囚禁的过程。不管计算机图形学多么现实，幸运的是，现实生活体验和在线体验之间还是存在一定距离的。所以魔法圈提供了一个有用的屏障，允许我们放纵自己的黑暗思想，而不必付出任何后果或代价。

不过，在另一个方向上，魔法圈也让我们从日常生活中抽出"时间"来暂缓当前的忧虑。这有逃避现实的成分，但我们也可以把它视为一个在不同领域有着自己的一套约定的享受形式。游戏可以把我们聚集在一个社会环境中，我们需要与他人一起努力解决不同的问题并享受不同的经验、观点和任务。

挑战和流动是我们将要利用的下一套游戏理论概念。游戏中的挑战就是游戏所提供的需要应对和克服的"问题"。游戏通常都有一些进程的概念，包括你所处的阶段、分数（如《大富翁》中的货币）或是诸如获得或失去生命或棋子（如国际象棋）之类的事件。游戏事件具有潜在的积极意义或消极意义。为了能够避免消极、实现积极，我们必须获得技能，我们需要在正确的时间做出正确的行动。有时这取决于操作的灵巧性，有时只是在正确时间移动到正确位置的可能性。

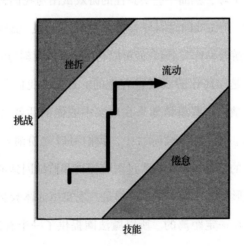

挑战与技能

我们可以看到游戏是如何提供挑战的，我们需要获得克服这些挑战的技能。接下来，游戏设计变得至关重要，以便在"消极"和"积极"之间保持平衡。随着玩家技能的提高，游戏应该给玩家一种进步的感觉，否则游戏将被视为"难度太大"。然后是平衡，即保持游戏挑战与玩家能力之间的平衡。如果游戏太难，玩家会感到沮丧；如果游戏太容易，玩家又会感到无聊。但有时即使是非常不具挑战性的活动，一遍又一遍重复同样的事情对于某些玩家来说也是令人愉快的。在另一个极端，诸如《矮人堡垒》（*Dwarf Fortress*）这样的游戏似乎过于困难，以至于可以将玩家激励到痴迷的地步。显然，挑战和技能之间的平衡取决于个人。

这种在无聊和沮丧之间保持平衡的状态被西克辛米哈利（Csikszentmihalyi）命名为"流态"，他把这种状态描述为：人们完全投入一种活动中，而其他事情变得无关紧要；这种体验本身是如此令人愉快，以至于人们会不惜一切代价地去执行它。当然，在一个游戏或一个特定的活动中迷失自我是游戏的重要组成部分。当人们处于流态时，会全神贯注于一项特定的活动，而且常常处于其能力的巅峰状态。

流态的概念包含了运动、行为的丰富概念。它作为一种理解包括体育和戏剧在内的若干活动的方法已经非常流行。当然，流态如何强调以特定方式行动的感觉很重要。然而，作为一种"极端"，它不能充分解释平凡但仍然非常令人愉快的游戏状态。

事实上，许多经验可能无法被描述为一种流动，但仍然令人沉浸其中。人们可能会发现自己正专注于一款游戏，然后下一分钟与另一个玩家分享一个笑话。沉浸——我们在游戏里集中注意力的程度高于一切——可能是一个更灵活的概念，因为它允许我们的注意力从游戏转移到其他事件，然后再回到游戏中。

为什么在沮丧和无聊之间的流态是令人愉快的？打造"进步、发展、技能学习和克服挑战"的概念。似乎可以在这方面发挥作用。然而，如果我们想真正了解享受，就必须深入接触具体活动的具体细节和特征。

这些概念确实给我们提供了一些思考游戏经验的动力，但它们有四个主要缺点。首先，缺乏足够的细节来理解每一次游戏经历涉及的内容。随着这些宽泛概念的勾勒，会形成一个强烈的趋势来掩盖每一个具体游戏囊括的做法和技能。其次，每个游戏的特殊性往往会被忽略，而倾向于对游戏"概念"的一般性描述。如果你有各种各样的活动，并且没有给予足够的空间来理解每个游戏实践的特殊性，那么这种对概念的泛化就会造成损害。再次，对可用于检验游戏实践的方法缺乏了解。朱尔（Juul）强调理解"游戏学"（ludology）的重要性，但他提供的可使用方法很少。正是由于缺乏一个实证计划，因此阻碍了人们对游戏作用方式的理解，或者更广泛地说，阻碍了对享受不同形式的理解。最后，缺乏对每一种游戏体验的研究，即是什么让体验变得愉快。我们再次呼吁对感觉，也就是对每个不同游戏产生的真实快乐进行研究。

现在让我们考虑两个关于游戏的经验案例。这两个例子完全不同，它们揭示了自我与他人一起游戏的不同方面，但它们也有很多共同点。我们研究的第一项活动是玩一款最受欢迎的第一人称射击游戏——《反恐精英》（*Counter-Strike*）。我们研究的第二项活动是大型狩猎——在瑞典森林中猎鹿。

我们收集了大量的民俗学数据和有关狩猎及游戏的视频数据。《反恐精英》和大型狩猎在玩家和猎人必须掌握的技能上有很多共同之处。

网络游戏：生死攸关的射击

《反恐精英》是世界上最受欢迎的第一人称射击游戏之一（一种涉及三维虚拟环境导航并以消灭其他玩家为目标的游戏类型）。它最初是在 1999 年作为对已有游戏《半条命》（*Half-Life*）的免费改进而开发出来的，后来以商业游戏的形式发布。在一个游戏与创意可以迅速交易的行业中，《反恐精英》仍在运行，而且广受欢迎，这是非常值得注意的。《反恐精英》有着超过 300 万名的普通玩家，作为人机交互的一种形式，这款游戏非常流行。在一年一度的世界电子竞技大赛中，甚至有奖项颁给《反恐精英》的优胜玩家。

《反恐精英》提供了一个特别有趣的电脑游戏案例，玩家可以发展出高水平的技能和精力。电脑游戏研究总体上集中在具有长期持久环境的游戏上，例如《星际争霸》(*Star Wars Galaxies*) 或《魔兽世界》，只有少数几个分析其他流行游戏的例子。很少有人研究游戏本身是如何进行的。视频游戏涉及大量的专业技能和高度精细的软件，以及复杂的虚拟环境。尽管《反恐精英》文化可能很有趣，但我们认为，这些游戏体验的最核心组成部分是从机器、玩家和环境的交互中，以及玩家与核心游戏机制的接触中获得的。学习一个复杂的设备，把它玩好并和别人一起玩的本质是什么？技能是如何在不断变化的环境中发展和保持的？

玩家对《反恐精英》的游戏经验通常是从选择一个合适的服务器开始的。玩家可以从可用的活跃游戏服务器列表中加入游戏。游戏本身是在一组特定的"地图"上进行的，每个地图实际上都是一个独立的三维虚拟环境。玩家通过加入一个想要玩的游戏来"投入行动"，然后在两个团队中选择其一：恐怖分子或反恐精英。虽然玩家在进入第一轮比赛时会选择其中一队进行比赛，但对比赛和团队活动的坚定承诺比对某一队的承诺更为重要。事实上，玩家有时会组建"部落"(clans)，以成立一种更强大的合作方式。因为《反恐精英》是轮回进行的，玩家必须等到当前一轮结束后，才能在地图上的特定地点与团队中的其他人"会合"（spawning）。

在"会合"后，玩家们会很快购买武器、盔甲和其他装备（如碎片手榴弹或闪光弹），然后开始下一回合较量。每一张地图都有与之相关的特定目标，例如放置炸弹或营救人质。当任务完成或一方被消灭时，回合结束。如果这两种情况都没有发生，计时器将确保回合在几分钟内结束（计时器在比赛开始时启动并有两到三分钟的比赛时间）。尽管玩家可能会在比赛中死亡，但他们的团队可以通过达到目标（解救人质或杀死对方团队的所有成员）来获得胜利。相应地，一个玩家可以在这轮比赛中幸存下来，但他的团队可能会因为达不到目标而输掉比赛。

打好比赛的关键是在比赛中移动和管理好自己的外表和状态。在游戏环境中的移动是通过操作鼠标和键盘来完成的。要在虚拟环境中充分控制化身的动作，需要手部操作的灵巧性。《反恐精英》这款游戏就是典型例子，鼠标使玩家能够引导自己的视角和运动轨迹，并启用武器射击、武器交换，以及作为辅助装备的瞄准镜半自动和全自动模式的调整。键盘使玩家能够引导他完成向前、向后和侧移的动作，并为武器重新装填、俯冲、放下武器和其他动作提供按键。

玩家在地图上快速移动，熟练地执行多种动作。很多连贯动作都是在不到一秒钟内顺利实现的。这些动作取决于对地形特征的分析，以便在每个关头选择合适的动作。玩家必须小心地保持自己的位置，以便自己的队友看得见，而敌人看不见。

玩家知道自己脆弱而危险，因为他有可能在射击距离内看到敌方玩家。

将这些小动作连接在一起形成时间和结构上更长的行为序列，是迈向专业能力的一个重大挑战。实际上，这意味着以特定的方式协调运动、瞄准和射击，以及建立与地形相关的无缝连接，例如玩家展示的动作序列：下楼梯、绕过危险窗口、通过拐角和开阔地带等。移动的时间、姿势和方向也是这个序列的中心特征。经验丰富的玩家在快速躲避、瞄准、射击和撤退时，会顺利地"滑入"地形内的某个有利位置。行动的速度取决于这些动作，因为当其他玩家从看到敌方到瞄准和射击所需的反应时间几乎总是致命地慢。新手玩家总是不断地被击毙而重新开始，这个游戏对新手来说极其困难。即使是一个专业玩家也有可能被敌人的行动所击毙。

在"动作顺序"和"移动方式"方面的成熟能力，使玩家能够把精力集中在击败对方队员的任务上，而不会把注意力消耗在惊讶时的反应迟缓上或被困在地形内。玩家死亡并不是因为他缺乏打败敌人所需的技能，而是因为他在关键的识别技能上失败了。

苏德诺在描述学习玩《打砖块》（Breakout）这个游戏方面有着类似经验；基于时间、模式和动作序列的操作灵巧性（游戏手柄）的发展只是这一更广泛技能发展的一部分。当然，对于玩家来说有一种内心的愉悦感，可以将这些动作序列构建成一系列成功的攻击，从而向其他玩家展示一定程度的技巧。

在游戏中，两位搭档有许多可以利用的资源：他们"一目了然"的视觉形象，他们在游戏中被描绘成"恐怖分子"——包括他们位于走廊尽头的方位，以及他们在这个空间内的行为。然而，玩家在彼此近距离时会协调他们的动作。队友们在穿越走廊时并不是笨拙地挤在一起，而是以一种更为有序的"路线"在彼此之间保持某种虚拟距离，这样就可以最大限度地了解队友的位置和行动。队列的先后也支持了"进攻顺序"，前面的玩家处于更危险的位置，在能见度较低而保护性更强的区域可以更好地射击并保护队友。玩家也会保持与队友的距离，以防止"友军开火"或互相妨碍。这种空间组织是玩家通过机敏的观察和视觉分析来保持对彼此的定位。

然而，《反恐精英》中的合作不仅表现在视觉上。当然，玩家可以看到彼此的虚拟化身，但他们也可以听到脚步声、枪声和预先录制的音频，玩家可以在游戏回合中触发这些音频，例如，"大家保持队形！"除此之外，玩家还可以使用游戏支持的网络语音协议（VoIP）功能将他们的话语广播给其他玩家。

现在让我们谈谈"为什么《反恐精英》是令人愉快的"这个问题。我们在前文所述的游戏研究中给出了一些关于这个问题的着力点，但是我们所讨论的游戏细节是值得强调的。前文讨论的第一个概念是模糊性，即我们在游戏中所做的事情在某种程度上与现实生活中的行为相呼应。《反恐精英》展现出以"坏人"和"好人"为中心的军事化风格，这显然是对好莱坞老派电影的呼应。尽管我们自己站在任何一方参与这种情况的可能性很小，但我们可以认识到不同主角的利害关系和行为动机。扮演"恐怖分子"的游戏也提供了一种因为支持那些"坏蛋"而带来的有点离经叛道的快乐。反过来，这些快乐依赖于魔法圈的能力，即搞清楚什么是游戏，什么不是游戏的能力。魔法圈在这里很重要，因为它允许定义一个游戏，不像真实的人质情况，它可以重复多次。《反恐精英》的最大乐趣之一就是一轮接一轮的重复性。

一个相关的乐趣是，如果一个玩家杀死另一个玩家，该玩家就会被踢出本轮，而且在一段时间内被禁止进入。虽然这只是一个小小的惩罚，但事实上人们的行为对其他人有现实世界的影响，即使你很少直接接触到这些影响。这提供了超越魔法圈的特殊社交乐趣。

最后，在沮丧和无聊之间产生一种平衡。很不幸，这是为那些在第一人称射击中已掌握技能的高手校准的，这会让新手玩家上手极其困难并对游戏感到沮丧。因此，该游戏使用的是在玩其他游戏（如《半条命 2》等单人游戏）时所获得的技能。玩在线《反恐精英》时面临的一个挑战是，游戏的难易在一定程度上取决于其他玩家的技能。这使得大多数专业玩家可以在局域网上一起玩。

　　我们可以看到"流态"的概念，虽然它确实抓住了一些游戏元素，但分析起来是相对无效的。人们可能会说，玩家处于流态中，即沉浸在游戏中。然而，这会产生一种相对无差别的《反恐精英》游戏感——当玩家处于流态时，游戏本身有相当多的变化和对比，例如，玩家选择守株待兔式的"蹲点"或者正面硬碰硬的激烈交火。此外，在很多的游戏视频中，玩家经常作为观察者向我们解释他的游戏进程。很明显，当他集中精力后，可以在做任务的同时与其他人交流。

　　因此，虽然这些概念结合在一起有广泛的用处，但它们仍然没有对《反恐精英》的重要方面进行透彻研究。尤其是几乎没有提供任何机会来理解我们在分析视频时所关注的游戏技巧。正如我们所描述的，玩家可以学习一系列不同的技能，使他们能够成功地赢得游戏，从一眼就认出其他玩家的团队关系，到理解地形在游戏中如何发挥作用。这些游戏技能是在与游戏过程以及提供游戏机会的互动中习得的。

　　此外，这些概念并不能解释为什么《反恐精英》是令人愉快的。为什么要学习并利用所有技能，使之成为一个令人愉快的游戏？那么，在与其他人（甚至是那些向你开枪的人）一起游戏和合作中的哪些因素让《反恐精英》变得令人愉快呢？

　　正如我们前面所说，享受和技能是相互关联的。在许多形式的享受中，人们必须"学会"如何去享受某件事，而能够享受某项特定的活动，就需要一定的技能。同时也要注意和理解什么是享受的极致。《反恐精英》很明显就是这样，人们必须具备一定的技能。不过或许更重要的是，需要技能的游戏涉及所获技能的设定。几乎每一个动作都显示出一个玩家的技术水平。在某些游戏中，如国际象棋，技能是在多个动作中展现的，而在《反恐精英》中，每个动作都显示并取决于玩家的能力。由于回合游戏不断重复，技能可以随着玩家的经验而迅速发展。这里的关键是进步，当玩家回到《反恐精英》中时，每场比赛都不同于以往。在每场比赛中，玩家都有机会测试不同的技术并慢慢掌握。由于每场比赛的表现只影响那一轮（可能只持续几分钟），玩家可以很快修正错误。这种快速、低成本的重复游戏创造了一个极好的训练环境。此外，玩家可以互相观察，这就提供了互相学习的机会。《反恐精英》之所以变得有趣，是因为它是一个学习、实施、展示和磨炼技能的论坛。玩《反恐精英》不是无意识的或注意力不集中的，它取决于获得高水平的操作灵巧性、玩家与他人协作的能力，以及理解虚拟环境的地形在游戏中发挥的作用。

看待《反恐精英》的另一种角度是游戏时间的安排。《反恐精英》的计时时间特别短，这使得比赛节奏加快，并迅速重复。《反恐精英》的计时特别适合学习第一人称射击者所要求的技能。因为回合很短，任何失败或错误都会很快在下一回合被遗忘，在同一张地图上一遍又一遍地重复游戏，有助于玩家学习每张地图的隐含细节以及如何发挥最大优势。

这暂时超越了回合制结构。在激烈的枪战中，当双方玩家近距离接触时，尤其是当一方玩家"让另一方大吃一惊"时，通常会发生激烈的遭遇战。而在更紧张的预备阶段，玩家们会在地图上移动，等待对方玩家的出现。游戏时间结构是"预备"和"交火"之间的一种强烈耦合。从远处狙击其他玩家有着一箭双雕的效果——既远程射杀了敌人，也保护了自己。

我们想要从《反恐精英》研究中探寻的最后一个问题是：游戏如何将玩家的行为集中在杀人和被杀上？在某种程度上，这是我们前面讨论过的模糊性的话题。在《反恐精英》中，人们体验"恐怖分子"对抗"反恐精英"的场景。当人们在玩这类游戏时，存在一个想象的场景为这个场景提供一些整体的意义。许多游戏中的军事化叙事一直是游戏研究中的热门话题。许多故事都是其他媒体的衍生，与动作影片和书籍相呼应，而不是玩家拥有的任何"现实生活"体验。

事实上，在《反恐精英》杀戮规则中的一个更重要部分是：真正的玩家被射杀，以及真正的玩家在向你射击。杀死另一个玩家是两个人之间的互惠行为——一个玩家通过杀死另一个玩家来显示自己的优势。被杀的玩家被逐出游戏，因此失去了他的乐趣。

在《反恐精英》中杀人或被杀是一种情感行为，风险并不是特别高。被杀的代价（几分钟的游戏时间）与杀人的回报也不算大。而且，杀人者除了几秒钟的互动之外，永远不会被他所杀死的玩家了解。然而杀戮正是享受游戏的重点与核心。在这些比赛中，玩家的情绪表现尤为突出。那些被射中的玩家经常骂人，而一个玩家在杀人时往往会感到兴奋。游戏每 10 秒左右就会有一次杀戮。一个玩家的技能是在他杀人时表现出来的。尽管杀人通常有运气成分，但游戏会跟踪每位玩家的杀人情况，并显示各个回合的统计数据，以提供一个竞争性的联赛列表。事实上，在一个特定服务器上的所有玩家的杀戮情况都会被公布，这使得该技能是其他玩家可以欣赏的。即使是已经"被杀"并且正在等待下一轮比赛的玩家也会扮演旁观者的角色，观察其他玩家的相关行动。当一个玩家听说击杀他的玩家已经被杀时，他会有一些安慰感。

我们不能忘记杀人只是在游戏中发生的。当然，没有人真的死了。一些学者被这样一个事实分散了注意力，即《反恐精英》这样的游戏涉及死亡和暴力。人们很可能有理由批评这些游戏的虚构，但不能忽视游戏本身的重要性。《反恐精英》不是某种暴力表演，也不是解决怨恨和侵略的场所。相反，它是一个可以在一场又一场的比赛中展示技能的平台——一个包含社交、节奏、技巧与复杂性的论坛。

狩猎：利用动物进行游戏

在《反恐精英》中，重要的是要意识到被用来射击的子弹是虚拟的，玩家在被射击时不会真的死亡，而且屏幕上的暴力是以一种相当不切实际的方式模拟的。《反恐精英》利用的是真实枪战的声音，经过了电影和书籍的过滤。但真正的子弹被发射、真正的生物被射杀的游戏体验又会如何呢？

在第二个"游戏"研究中，我们选择了大型狩猎。与我们对《反恐精英》的研究一样，我们的实地考察是出于对这种"令人愉快的活动"是如何安排的，以及我们如何将狩猎作为一种活动与电子游戏进行对比。如果我们把注意力转移到大型狩猎上，就会发现人们参与了真正的枪战。狩猎作为一种活动，包括猎人定位、跟踪，然后向动物射击。这种活动虽然受到政府的强烈限制，但很受欢迎，特别是在斯堪的纳维亚半岛的国家。狩猎的许多方面都与诸如《反恐精英》之类的游戏相呼应，尽管对许多人来说这种类比可能是令人不安的，因为我们通常不愿把捕杀动物仅仅当作一种"游戏"来看待。然而与游戏一样，狩猎对行为有着严格的规范和控制。收益和损失有一定的限制性。虽然游戏研究的概念不如我们在研究《反恐精英》时那么适用，但我们对技能的关注给了我们一些使得条件。通过讨论打猎的快乐，我们可以把它和玩《反恐精英》时的快乐作比较。

在北欧，人们对狩猎持积极态度，认为狩猎是农村地区总体保护和管理体系的一部分。狩猎作为一种休闲活动也很受欢迎。瑞典是一个人口不足1000万的国家，却有27.8万人取得了狩猎许可。

狩猎是一项具有令人惊讶的复杂性的活动。猎人拥有在给定地理区域内追踪动物的许可证。这个区域通常被分成更小的部分，称为"sätar"（意为"围猎场"）。狩猎通常是分小组进行的，每个小组由一名领队、驻扎在看台上的几位"步枪"（射手）和驯犬师组成。领队有一张标明步枪设置地点的地图。他负责用无线电检查打猎开始和结束时每把步枪是否都在既定位置上。驯犬师牵着狗穿过地面，试图吓唬目标动物，并把它们赶向步枪所在区域。只有特定的动物才是合法的，这取决于一年中的时间和你在狩猎队中的地位。所有这些因素都必须由猎人在开枪前加以考虑。

我们跟随一支由十二个猎人组成的狩猎队，他们都是男性。有些猎人和观察者一样，从遥远的地方赶来参加狩猎，因此不得不在靠近狩猎区的小旅馆过夜。这使得我们有机会与这些猎人交往，并与他们非正式地聊起关于打猎的事。

我们收集了几种形式的数据，以便全面地了解狩猎体验。

我们还拍了很多照片，特别是在跟随一个穿越广阔区域的驯犬师的时候。

狩猎既是一种社交活动，也是一种单独活动。猎人独自坐在架子上，只伴随着周围的声响和广播。在这次活动中，许多"步枪"都不愿意有观察员在场，但我们设法跟在他们身边。在第二次实地考察期间，我们对其中两名猎人进行了非正式采访，询问了大众不了解的情况，并要求他们澄清和描述对狩猎的总体看法。

"步枪"来到选定的地点，因为这些地点在过去有着特别的意义（这些地点通常以特定事件命名，因此它们的名字唤起了人们对以前狩猎经历的回忆，这些经历也可以为当前的行动提供信息）。猎鹿的许多经历包括倾听，以确定鹿在哪里、狗在哪里……虽然猎人可以通过移动获得更好的射击效果，但他们倾向于守在自己的围猎场范围内。因此，狩猎是这样一种经验：在短暂的密集活动（当动物出现时）和更长的沉思、预期和协调的周期之间交替。

观察台上的"步枪"和驯犬师之间的分工很重要。主人把狗放在离步枪尽可能远的特定位置。然后狗去寻找鹿，鹿会受到惊吓，跑向观察台上的猎人。对于"步枪"来说，一次围猎可能包括大约两个小时的在树林中某个地点的站立或静坐，以便发现和识别动物，甚至可能向它们射击。猎人依靠他的眼睛和耳朵来分辨周围移动的动物。在最初的狩猎计划之后，"步枪"和狗的主人们会远距离合作，而"步枪"会独自专注并完成他的特定任务。

打猎的特殊体验会受到他们在活动中视野的影响。不同观察台的视野不同，在选择时会考虑这些要素。站在空地中央的一座特别建造的塔楼里，比深陷在洼地的树林里的视觉效果要好得多。这会影响他们在围猎过程中对注意力的管理。有限的视野提供了一种持续紧张的狩猎体验，正如猎人们在采访中所说："实在太茂密了，这就是森林。你在那里的每一秒都要做好准备。无论是身体上还是精神上都很辛苦。如你所见，我总是站在看台上。"接着他们笑着表示，"有时候可能会发生……但大多数情况下，我会站起来做好准备。"

视野较差的情况下，要求站立的猎人保持紧张状态，几乎不允许有一刻放松，这在身体和心理上都很困难。因此，在一个视野不好的地点会创造一种要求很高的体验。当一只动物被锁定并可能被射杀时，视野有限的看台所需的努力可能会受到经验的激励。猎人们表示在能见度较低的地方射击动物的乐趣反而更高："这就是狩猎的魅力：惊喜、刺激、意外。""是的，就是这样。当你能看到远处的动物时，也不总是那么令人兴奋……如果它突然出现会更带劲儿。"

一方面，在专注和放松之间转换的机会有限，这与意外射击的最佳体验是平衡的。另一方面，广阔的视野提高了管理注意力的可能性，但使实际的猎杀更为困难。这种视角类似于猎人将被盯上的动物视为游戏，一种"野性"和"好斗"的游戏。因此，这些都是对猎人的挑战。同样，我们认为，一次在高能见度下的轻易射杀使得"战斗"不太公平。虽然"步枪"在他的观察台上是孤独的，但他的经验在某种意义上是由猎人的立场选择限定的。良好的视野提供了一个不那么紧张的情况，但使真正的杀戮变得不那么刺激。"步枪"必须时刻保持专注，一次大的围猎需要他的长时间专注，这使狩猎过程变得很艰苦。注意力集中的时间越长，猎人就越紧张，"最后会变得无聊"。围猎范围的大小会影响猎人保持紧张的时间，从而影响活动的乐趣。此外，围猎范围的大小也决定了休息时间的多少。狩猎队伍每次围猎前后都会聚在一起吃东西、喝热咖啡。中午，他们还在队长提供的火堆上烤香肠。他们认为享受这种形式的社会互动对整体体验很重要。一位名叫罗伯特的猎人评论道："狩猎的很大部分很少被观察或考虑，这是社交聚会，要是你整天站在一个高台上，而其他人都在森林里，那就没有多少社交聚会了。"

另一个猎人阿尔，以前也经历过长时间的连续围猎："你在高台上袖手旁观。而我被打发到森林里进行围猎。我整天都站在那里与世界隔绝，那里非常安静。但这是一个很好的围猎场，因为动物经常出现。但我一整天都孤独地站在那里。然后我说难道我们不能在中午休息一下，互相聊聊天，生火烤一些香肠吗？"

如果在一次大型围猎中长时间守在一个观察点上，孤单的经验就会变成一种"孤独"的感觉。如果把一个有执照的区域分成好几个围猎场，他们一天内便可以见面好几次进行社交和放松。有趣的是，狩猎是一种倾向于享受而不是效率的活动。此外，这是除了计划会议外，猎人们在白天唯一面对面的机会。

这种平衡提供了将享受和效率融合在一起的体验。这种在一天的时间结构内存在的有组织的平衡提供了一个周期性变化：在高台上，伴随着无线电的孤独，以及积极的面对面的互动。精力高度集中和充分放松之间也存在一种周期性变化。射击者在高台上要紧张地关注着景物和声响，精力集中和放松之间的周期性变化又是同步的。

既然我们已经概述了狩猎的经验和活动，那么到底是什么让狩猎变得愉快。狩猎的一个明显而不可忽视的部分是活动的位置在野外和乡村。对许多人来说，外出的机会是一种回报，特别是狩猎吸引了参与者到可合法猎杀动物的地区旅行。

正如我们前面讨论的，狩猎的时间元素对于制造愉快也很重要。在很短的时间内，例如在"突然袭击"中，向动物开枪的需要与长时间的预期和相对安静之间达成一种平衡。在大部分的狩猎时间里，"什么都没有发生"。只有当狗和猎人试图找出动物的位置并设法猎杀它们时，对讲机里才会响起"沙沙"的声音。

与《反恐精英》一样，杀戮在狩猎中也发挥着作用。然而这是一种非常不同寻常的杀戮，因为一个真正的动物被杀死了，不会有任何"重生"的机会，一个活着的生命死亡了。然而杀戮的真实性并没有让乐趣得以消减。就像在《反恐精英》中一样，在杀戮中技能被最明显地展现出来。人们克服了动物本能，在狩猎同伴当中展现出杀戮行为——任何有枪的人都有可能进行猎杀，而正是某个特定的猎人扣动扳机，与其他猎人和被射杀的动物有关的技能在一瞬间被展示出来。

虽然有些因素让人联想到《反恐精英》，但二者也有明显不同。猎杀不仅仅是射击动物那么简单。要想正确地猎杀，就必须做一次"干净利落的射击"——能让动物立即死亡。如果一个人只是让动物受伤，那么他不仅要追赶一只受伤的动物，还会给它造成痛苦；拙劣的杀戮还会留下一堆麻烦。因此，在向动物射击时也有"失败"的可能，导致展示的不是一种技能，而是作为一个猎人的局限性。

猎人也谈到了来自狩猎的一种更黑暗的快乐，是一种人们不会特别强调的源于杀戮的快乐。虽然这不是我们特别欣赏的，但我们应该承认这种狩猎的快乐。

游戏和狩猎的对比

《反恐精英》和狩猎有一些直接的区别和相似之处，这两种活动都有其特殊性。可能有人会问，为什么把对狩猎的研究放在一个关于游戏的章节里，打猎显然不是游戏，等等。当然，不存在这样的"魔法圈"。枪响了，动物死了。我们还不清楚当人们谈论狩猎时"魔法圈"或模糊性的问题是否还有意义。然而狩猎有它自己的世界，它能让猎人从日常生活中逃脱出来，参加一项自有其意义和复杂性的活动。我们可以把它看作一种不需要幻想的逃避。

不过，这两种活动都涉及瞄准和射击，其中一种射击是虚拟的，另一种是真实的。它们都是高技能的活动。在这两种活动中，挑战和技能都是关键，人们都不能迅速掌握这些技能，其中都存在学习和再现的过程。

在《反恐精英》和狩猎带来的快乐之间存在一种对应。例如，在两者中，我们都能看到紧张和努力之间的平衡，学习如何瞄准和射击以及如何移动。玩家或猎手的身体会成为被欣赏和关注的对象。在《反恐精英》中，玩家必须移动；而在狩猎中，人们关心的是声响、移动，以及对狗与猎物动作的理解。

在我们讨论杀戮对这两种活动的重要性时，这些相似之处就体现出来了。对于《反恐精英》来说，让其他人在短时间内退出比赛，并使自己在比赛排名中慢慢上升是一种乐趣。打猎也有类似的乐趣，但它更多体现在猎杀动物显示优秀技能的方面。此外，杀戮的乐趣经常被否定。与斗牛不同，打猎时动物会逃走。虽然像"流态"这样的概念强调了集中精神的重要性，但其忽略了击败另一个玩家或猎杀动物时快乐的社会性所扮演的重要角色。此外，"流态"在许多方面仅次于技能。正是获得和运用的技能使这些活动具有了趣味性。人们可以通过药物产生一个流态，但这样就会错过快乐与成就/挫折的联系。也就是说，流态确定的是刺激的重要性，即在这两种情况下扣动扳机的乐趣。或者说是肾上腺素的刺激、某个特定时刻的强烈感觉。在这里，快乐以最甜美的形式出现，即使结果是另一个玩家或动物的死亡。

最后一个联系值得一提。首先是社交中活动的广泛情况。狩猎发生在乡野，所以"烤香肠"的作用不仅是一种寄托，而且是与他人一起反思、欢笑和享受的机会。必须待在乡野的情势也为狩猎活动提供了大量的社交机会。狩猎在某种程度上起到了一个框架的作用，在这个框架下可以进行场域策划——安排并参与户外活动、与他人共进午餐等。这与在乡村进行的汽车拉力赛并无二致。尽管人们可能只会在《反恐精英》中关注游戏本身，但值得注意的是交火如何融入更广泛的非游戏时间序列中。《反恐精英》的一个令人惊讶的地方是它的社交性，人们可以把它作为游戏的一部分来讨论。

在游戏中的享受确实是一种感觉经验。而狩猎展示了参与者关于活动的组织和布置的讨论是如何影响体验并产生介于兴奋和无聊之间的感觉的。重要的是，这些感觉是世俗的，因为它们可以被他人所理解。猎人们可以和我们讨论，也可以在他们见面的时候互相分享，或者通过无线电进行交流。在这种活动中每个猎人都依赖他人提供良好的狩猎经验。从这个意义上讲，狩猎的乐趣超越了个人领域而成为许多人的话题。在对《反恐精英》的研究中，开发游戏技能的重要性是显而易见的，我们需要在非常精细的水平上理解游戏才能体会这种享受。

第四章

文献中的享受

休闲研究的基础

既然我们已经看清楚享受的某些方面，那么让我们考察一下文献中关于享受的一些讨论。享受作为一种普遍存在的人类价值，没有逃过学术界的关注。虽然在许多研究领域都有涉及，但通常都是只言片语，通常与相关主题（理性、情绪、情感等）结合在一起。这使得进行全面的评论变得非常困难。我们试图涵盖哲学、心理学、社会学和其他一些新兴领域（包括休闲研究和人机交互）中相关讨论的要点。有趣的是，享受一直都被以各种不同的方式所解释。例如，关于享受和经济增长之间关系的讨论已经超越了学术上的范畴，进入了政治辩论和政策实施阶段。而神经科学对快乐的理解完全不同，试图将其解释为大脑事件。

我们将讨论这些不同的研究领域。首先，我们讨论将快乐作为一种认知现象，这是神经科学和认知心理学中常见的方法。其次，我们会讨论经济学和心理学中的快乐。这些方法对享受具有唯物主义立场，认为享受是某种可以在世界上找到、看到和衡量的东西。最后，我们会讨论更为经典的哲学，特别是古希腊人的哲学，他们关注如何过上"美好的生活"，以及享受与其他要素的关系。希腊人的贡献影响了杰里米·边沁（Jeremy Bentham）和其他哲学家，具体体现在实用主义中，这是许多现代经济思想背后的哲学动机。特别指出，实用主义是近年来关于幸福研究的基础，该研究调查了经济状况与幸福感之间的关系。

出于对享受的社会秩序的兴趣，我们也对这方面的经典社会学著作加以关注。我们考察了从 1900 年到 20 世纪中叶的社会学家和人类学家，他们以各种方式对社会上的享乐主义（hedonism）作出了讨论。同样的主题也出现在晚近的文献，在这些文本中，社会科学家批判性地探究了现代社会中的享乐主义，将幸福视为经济操纵的产物，而我们的生活充其量只是被误导的幸福。

这就引出了休闲研究，尽管这是一个很小的领域，但它还是为这一研究课题提供了重要见解。特别是休闲活动的社会组织及作用与许多关于快乐实践的观点相呼应。休闲研究让我们对公司如何处理享受、如何通过俱乐部组织放松活动、政府和社会福利机构如何更广泛地管理享受等问题有了一些了解，但忽略了许多关于享受的具体实践细节。

最后，我们将注意力转向了技术在享受中的作用，特别是在人机交互中。社会科学对人机交互及技术的愉悦性也产生了长期的兴趣和关注。

作为大脑事件的享受

正如我们前面讨论过的，把快乐作为一种直接的、基本的身体体验是很常见的，例如搔痒。快乐难道不只是痛苦的反义词吗？它也许属于个人，因为止痒的快乐别人无法分享。搔痒产生的感觉可以解释给别人，但不能直接转移。搔痒的人将其作为"私人物品"放在自己的身体里。它也是直接的，因为它不需要训练或学习。根据这种快乐的生理观点，我们可以用大脑不同部位的刺激来描述这种感觉。把大脑看作快乐的源泉，与实用主义和希腊哲学都有着历史联系。实用主义哲学家的理解建立在"简单快乐"（simple pleasures）的基础上，而这种快乐在很大程度上依赖于希腊人的"享乐主义"概念。根据《斯坦福大学哲学百科全书》（*Stanford Encyclopedia of Philosophy*）的说法，快乐是"瞬间意识中一种简单而难以形容的感觉"，其核心是幸福的体验。

这种理解与心理学的研究传统产生了共鸣，即快乐是由大脑工作产生的。人们提出了各种各样的框架，如大脑模型或在大脑中发射电子神经网络等。事实上，如果不考虑心理学和神经科学中的这些最新发现，享受、幸福和快乐就不可能真正被讨论。上述工作的一个重要目标是将快乐的心理模型映射到大脑中可测量的过程里，例如对部分大脑的激活，或不同化学物质的生成。对这些模型的研究通常是通过实验完成的，在实验中人们被赋予任务，然后回答诸如他们做什么和他们感觉如何等问题。当这些模型与感官输入放在一起理解时，就有可能预测其结果——作为享受、乐趣或满足感的行为反应及结果。因此，情感在这里被视为"使用者认知评估的结果"。

随着神经科学的发展，利用磁共振成像等技术来测量和拍摄大脑活动的各个方面成为可能。特别是，整个大脑的血流变化可以用来诱导脑细胞活动的表现。贝里奇（Berridge）和克林格尔巴赫（Kringelbach）认为，磁共振图像揭示了大脑如何产生愉悦感，而愉悦感绝不仅仅是由我们的感觉器官引起的。草莓的味道不是用鼻子闻一碗草莓带来的。为了让感觉出现，需要大脑的某个部分添加或"刻画"某种标记或"光泽"，然后使之成为"喜欢的东西"。因此，当感觉被大脑的特定部分"享乐热点"（hedonic hot spots）处理时，快乐就产生了。有研究揭示出这些"热点"的位置，建立了刺激物（如草莓味）与实验报告中受试者的喜好以及大脑特定部位的活动之间的相关性。个别热点位于有着拗口名称的地点，如伏隔核（nucleus accumbens shell）和前额皮质（midanterior orbifrontal cortex）等。在许多文献中，被称为前扣带皮层的一个特殊部位被视为大脑中产生快乐的部位。

神经科学的研究在其技术性和结果方面令人印象深刻。然而，我们有理由质疑这些结果的意义。与快乐同时发生的磁共振图像非常引人注目，但我们看到的是快乐吗？神经科学家真的把快乐捕获在他们的镜头里了吗？我们不否认大脑中有不同的活动，有时与快乐的出现相对应。然而，作为纯粹感觉的快乐缺乏与他人交谈、分享、描述和学习快乐的复杂性。当然，大脑与快乐有关，就像身体与快乐有关一样，但这不是完整的描述。班尼特（Bennett）和哈克（Hacker）表示，大脑的正常功能是感觉情绪的一个因果条件。大脑受损会严重损害正常的情绪反应。然而，当一个人诸如被枪声吓到，这是他害怕的原因，而不是其大脑本身的状况产生了恐惧。人们在对大脑活动一无所知的情况下就能感受到情绪。

根据哈勒姆（Hallam）的研究，神经科学和认知心理学建立在一个"内在自我"的概念之上，这个自我是我们感觉和行为的原因。哈勒姆对这一概念提出了强烈的批评。然而，他也认可赋予身体在世俗生活中的作用的尝试，他还批评社会科学过于关注语言和制度。这正是神经科学家试图要做的，但他们的解释并没有解决大脑与人的生活相联系的问题。那么，"内在自我"和一个在这个世界上生活和行动的人之间的关系是什么呢？罗杰斯（Rogers）同样认为，社会科学家在他们的人与行为的互动模型中忽略了情感。他们主要关注的是行为作为工具理性的自愿性（instrumental-rational-voluntary），而不是情感想象中的非自愿性（emotional-imaginary-involuntary）方面。在社会学重建中，生活经验的实际（praxic）特征严重掩盖了感觉（pathic）特征。动物可以感受情感，但有些人类情感对动物来说是不可能的。例如，只有语言使用者才会害怕破产。

对快乐和享受的解释取决于对身体在人们情感中的作用的理解，也需要比语言更广泛的一套感官资源。然而，当我们转向更多受语言制约的情感时，必须依赖语言。哈勒姆更为宽泛的理论认为，人是一个混合的实体———一个被他人感知的生物人，以他们所生活的社会塑造的方式感知自己。这个观点可以解释行为个体包含着性格与才能。实施行为不一定是由某种物质引起的，因为人们只是根据周围社会实践中有意义的理由行事。接着，哈勒姆提出，在亚个人（sub-personal）层面上，对行动的解释可以在大脑或心理机制中找到。从这个意义上说，心灵对它的拥有者来说是私有的实体，它包含思想和各种表现，并确保人们的身份随着时间的推移是稳定的。最后，哈勒姆认为存在一个超个人（supra-personal）层面，在这个层面上，行为是由作为整体的许多个人引起的。没有必要把这些级别看作按等级顺序排列的。例如，它们的重要性可能随着时间的推移而发生变化。

　　根据哈勒姆的说法，我们是如何感觉到身体的痒的？这不仅取决于在抓痒时一些被脑细胞标记为"喜欢"的感觉输入。哈勒姆认识到身体为我们提供了直接和间接的进入世界的途径，但这种行为并不仅仅是与其他事物分离的有力证据。这种互动涉及的现实总体上是复杂而多层次的，包括物质实践、受规则支配的谈话形式和可能的行动方式。当我们感到痒时，我们得到的感觉就嵌入了所有其他的体验之中。哈勒姆认为，除了行为的生物学和身体方面，我们也需要解释它是如何嵌入文化中的。尽管神经科学为人类生物学提供了新的见解，但它基本上基于大脑与计算机的类比，所以需要介入一种奇怪的原始计算机科学，这种科学的基础是测量硬件产生的热量。当然，我们明白详细的温度数据实际上还不足以解释与享受计算相关的乐趣。

　　哈珀（Harper）也以类似的方式批评了这种对行为的解释，即行为是自然因素造成的，而非人为的。他认为这种解释被困在了对人类生活的非常狭隘的认识方式中。戴维森（Davidson）反对当时颇具影响力的维特根斯坦对行为的理解传统。然而，时过境迁，基于逻辑、生物学和脑电图解释行为的理论占据了主导地位。正如戴维森所说，只有体现因果关系的自然科学语言才能用来解释人类的生命，人们抛弃了所有其他表达和解释方式。哈珀认为，这种对人类行为的观点令人着迷，它让我们一意孤行地去寻找一个非常特殊的目的地，并排除了其他观点的可能性。

经济学与心理学中的幸福

第二个涉及幸福的领域是经济学。根据约翰斯（Johns）和奥默罗德（Ormerod）的研究，在 20 世纪 90 年代，经济学领域开始讨论幸福感与经济指标之间的关系，以及更广泛的与公共政策之间的关系。今天，我们看到人们对讨论传统经济中人们购买和出售的各种行为形式之间的关系以及财富增加与幸福感增加之间的关系兴趣高涨。伊斯特林（Easterlin）曾提出，一个经济体，或者更确切地说，一个经济体中的人们的总体幸福感是可以衡量的。这导致了更多的学者探究各种社会经济变量是如何影响幸福感的。

伊斯特林认为，经济资源的增长或者说国内生产总值（GDP）的增长并没有让人们更快乐。他的研究表明，经济增长与幸福感之间的联系并不像人们所期望的那么明确。所谓的"伊斯特林悖论"是收入增加与幸福感之间的脱节。在许多方面，它质疑了研究和优化经济交易的潜在功利动机。如果经济学建立在快乐最大化的基础上，而经济增长和快乐之间的联系已经破裂，这就让人怀疑经济增长的价值。这一悖论因此切近了经济思想的中心。如果这不能让我们感觉良好，为什么还要花那么多的个人和公共努力来发展经济呢？

伊斯特林借鉴了几项所谓主观幸福感的心理学研究。在这些研究中，受试者被要求完成关于心理状态的问卷调查。在心理学中，人们对个体幸福感及其描述有着长期的兴趣。自 20 世纪 50 年代以来，盖洛普（Gallup）等机构一直在使用大规模的问卷调查，要求个体对自己的幸福感进行打分。这些调查显示，在许多国家，个体认为良好的经济和健康是幸福的关键，其次是美满的家庭生活。答案设置通常是 3 分制或 4 分制，从"不太高兴"到"非常高兴"。

在美国，幸福与幸福感的关系似乎在 20 世纪 60 年代初就已经破裂，伊斯特林根据国际数据得出结论，超过一定的收入水平后，个体收入的增加并不能带来更大的个人幸福。收入高的人肯定会说他们比穷人更幸福。换言之，富人认为他们的生活更幸福。然而，随着时间的推移，这似乎并不成立。因为即使经济繁荣，使人们普遍获得了更好的物质回报，而幸福水平却没有增长。此外，富人和穷人往往在后续调查问卷中给出相同的答案，尽管他们通常都比以前更有钱。

伊斯特林的研究结果引起了热烈讨论，一些人声称收入增加和幸福感之间仍然存在联系，尽管在较高的收入水平上这种联系要弱得多。而伊斯特林利用更广泛的数据集来证实他的原始论点。经济学一直坚持金钱可以买到满足感的假设，而国家政策往往也遵循这一假设。像"衰退"和"繁荣"这样的词汇指的不是幸福，而是实际国内生产总值的变化。

当不同收入水平的国家比较幸福感水平时，这些关系变得更加令人担忧。一个国家的国民收入增加可以带来更多的幸福感，但如果将该国家与其他国家相比较，这种相关性就会减弱。贫穷国家的富人要比富裕国家的穷人幸福得多，即使后者的实际收入（按购买力计算）比前者更高。

在某些情况下，金钱似乎提供了更多的享受，在其他情况下却没有。有几种解释收入增加对幸福感的不同影响的尝试。其中一个观点是：存在一个"享乐跑步机"（hedonic treadmill），每个人都有自己的快乐水平，在这个水平上他们的感觉会有所波动。尽管我们可能会暂时变得更快乐，例如当我们加薪或玩一个有趣的电脑游戏时，但我们很快就会回到正常的状态。幸福感就在"跑步机"上，任何增长都会很快过去。这就解释了对幸福感的测量随时间的推移趋于稳定。也有人认为存在一种"满足感跑步机"（satisfaction treadmill）——我们的期望影响我们的享受。当拥有有限的资源时，我们会享受到微薄的利益，因为我们对生活的期望并不高。人越富裕越会得到更多的好处，但对好处的欲值也越高。因此，富人需要更多的福利才能获得与穷人同样的享受。期望值的不同导致实现享受的不同。最后，还有"社会跑步机"（social treadmill）的说法，即人们对快乐的期望不是由自己的收入决定的，而是由自己的社会地位决定的。因此，人们从一组资源中获得的快乐程度与每个人对他财富的期望有关。如果社会期望你买一台大屏幕电视或一辆新跑车，那么，即使真的兑现，也没有那么开心了。

我们的相对收入——相对于周围的人的消费水平——似乎对我们的幸福很重要。换言之，收入水平所带来的享受程度并不取决于个人工资，而是取决于与同龄人工资的比较。这些结果在一定程度上解释了为什么美国公民的满足感和幸福感没有像他们的收入那样增长。除了金钱以外，生活中的其他事情也会影响我们的幸福感。尤其是亚健康、离婚、分居、失业和孤独会使我们不快乐。但它也指出了其他更具体的因素，比如照顾他人（尤其是我们的亲属）似乎会让我们感到痛苦。另外，信仰对于幸福感的影响是积极的。有趣的是，对臭氧层和环境的担忧会让我们不快乐，而对物种灭绝的担忧也会对我们的幸福感产生消极影响。

上述的许多相关性，特别是相对收入效应受到了质疑。约翰斯和奥默罗德认为，幸福感研究与任何看似合理的东西没有关联。很难将这些发现与我们理解美好生活的任何传统方式联系起来，例如增加闲暇时间、减少犯罪和婴儿死亡率、延长寿命、减少失业或减少公共开支的不平等。约翰斯和奥默罗德进一步认为，这些水平甚至与相对收入的变化没有关联。他们发现了诸如使用 3 分制或 4 分制量表来测量幸福感的粗糙性。国内生产总值每年 1% 到 2% 的变化是很容易测量的。可不同的是，个人可能要增加 "33% 的快乐" 才能提升幸福感。这件事测量起来却没那么容易。此外，除了受访人员的基本福利之外，还有许多因素可能影响这些数据。

这里的挑战可能在于试图测量不可测量的东西但不是所有有价值的东西都是可以计算的，正如不是所有可以计算的东西都有价值一样。

幸福哲学与美好生活

这种对幸福价值的广泛关注与对幸福感本质的哲学研究直接相关。事实上，对 "美好生活" 的关注一直是哲学的一个基本问题。在古典哲学家中关于是什么使我们感到幸福的争论是很普遍的，尽管这样的追问受到神学思想的影响而被搁置，但在启蒙运动期间，它再次被提起。不幸的是，随着经济学变得更有影响力，人们更为理性地关注结果的优化，而对幸福哲学的兴趣有所下降。只有在晚近的讨论中，我们才能清楚地区分 "规定的幸福观" 和 "经验的幸福观"。也就是说，我们 "应该" 做什么才能幸福，以及 "实际" 是什么让我们幸福。

经典的哲学指导并不直接涉及技术，比如柏拉图关注相互竞争的欲望之间的和谐，亚里士多德关注美德活动与社会关系，或者尼采对冲突和不和谐具有很大兴趣。在满足个人感官和欲望的享乐主义追求中，几乎不存在什么技术。然而，这些经典思想在当今的讨论中出人意料地出现了。

根据沃尔夫斯多夫（Wolfsdorf）的说法，塞奥斯的普罗狄克斯（Prodicus of Ceos）是第一位区分各种心灵上的快乐的哲学家。我们看到，在《在色诺芬的表演中的普罗狄克斯》（*Prodicus in Xenophon's Rendition*）一书中，他有意识地区分诸如学习和理解以及身体的愉悦。对后者感兴趣的人会问："什么样的食物或饮料能满足你的口味？什么样的视觉或声音会使你愉悦？什么样的气味或触觉会使你高兴？什么样的爱人会使你最满意？什么能使你睡得舒适？以及如何用最少的努力来实现这一切？"

随后，古利奈的阿里斯提普（Aristippus of Cyrene）主张把获得身体上的快乐作为生命的意义。身体上的快乐可以是多种多样的，比如满足自己听音乐的渴望。尽管批评家们认为阿里斯提普寻求的是某种动物性的快乐，沃尔夫斯多夫仍然认为阿里斯提普是对"现世享乐主义"（presentist hedonism）感兴趣。阿里斯提普的目标是在特定情况下寻求最大的享受，而不是规划快乐或回忆过去的时刻。这种关于享受是什么以及它在人类生活中的作用的特殊观点，在希腊引起了与阿里斯提普同时代人的极大兴趣，后来对早期经济学家启发很大。不幸的是，我们研究享乐主义的唯一途径是通过哲人（特别是柏拉图和亚里士多德）撰写的长文进行引用和解读。

怀特（White）总结了关于幸福感和美好生活哲学的研究。对他来说，是从柏拉图开始的。柏拉图利用卡利克勒（Callicles）的特征来代表苏格拉底（Socrates）对享受的理解。享乐的态度集中在"当最大欲望出现时获得的最大满足"。怀特认为，阿里斯提普把这种观点推向了极端，他强调最好的生活形式是一系列完全无结构的满足，后来被称为"眼前此刻"（now for now）的欲望。伊壁鸠鲁（Epicurus）也相信感官是幸福的源泉，虽然他认为快乐是没有痛苦和干扰的意识。这种"眼前此刻"的快乐观念强烈地影响了霍布斯（Hobbes）和后来的边沁。边沁认为，享乐和减轻痛苦是人类生活的主要动机。他采取了实践的方式来论证公共政策的变化是以此为基础的，公共政策旨在令"社会快乐最大化"。从个人的角度来看，快乐可以通过增加或延长积极的感觉来实现；从社会的角度来看，公共政策应该努力提高整体的幸福感，为尽可能多的人提供最大的快乐。这种观念已经成为西方政府执政理论的基础，以至于很难被后人颠覆。

边沁奠定了经验主义经济学的传统，这与他提出的享乐原则有关。边沁认为，一个良好的社会建立在个人试图最大限度地享乐和实现自我利益的基础之上。享乐主义心理学家也将他们的概念扩展到了"眼前此刻"的快乐之外，涉及生活中所有元素的主观幸福与快乐。因此它包含了身体上的感觉和长期的快乐形式（如智力上的优越）。

柏拉图，作为苏格拉底观点的传播者，对享乐生活持强烈的批评态度。在柏拉图关于幸福的讨论中存在一种普遍的理解，即幸福的生活不只满足最简单的欲望。我们想要幸福的生活，而不是整天有人给我们抓痒，因为人的幸福远不止于暂时的快乐或者没有痛苦。虽然我们很容易识别简单的快乐形式，但这些并不能认定美好生活中最重要的快乐。柏拉图认为幸福的生活必须是和谐的生活。我们个人的冲突经常发生，因为有三种欲望并不总是一同起作用。它们是理性的欲望、食欲和精神的欲望（也称为尊严）。满足其中一个欲望往往会导致与他人的冲突。例如，我们的食欲可能导致我们吃得比我们的理性所希望的要多。幸福的生活取决于一个成功的组织和计划，以实现均衡和谐的愿望。

其他古典主义哲学家也认识到了欲望冲突的问题，但提出了另一种摆脱困境的方法。完善论的幸福观（eudaimonic view）源于亚里士多德，他认为幸福感是当人们实现了他的内在本性时产生的，他称之为"daimon"。这一传统对享乐主义更为批判，因为它的庸俗性和认定人类役从于肤浅的需要的观念。相反，当人类表现出美德并做了有价值的事情时，幸福就随之而来，其中的价值不是简单的刺激，而是本性的满足。当你在自己的目标上表现出色时，你就会变得快乐。亚里士多德在《尤达米安伦理学》（*Eudamian Ethics*）中提出如下论点：

> 我们必须敦促每一个有权按照自己的选择去生活的人，为自己建立一个高尚生活的目标，即以荣誉、名誉、财富或文化为目标，并根据这些目标来执行所有行动。

当然，这可能包括冗长乏味的工作。尽管如此，通过成功地完成最初的目标活动，幸福还是会显现出来。有趣的是，在这个陈述中幸福不是一种可以从某个活动中分离出来的感觉。幸福在于我们所做的事情的本质和对目标的追求。这种"eudaimonia"思想强调对"同情心"（fellow-feelings）和公民交往等人际关系的非物质追求和发展。对亚里士多德来说，参与公民生活就像有朋友或被爱一样，对幸福生活很重要。

享受与我们的社会关系相关，有以下几个原因。首先，我们不仅受益于自己的活动，而且受益于共同的社区。与柏拉图相反，亚里士多德认为和谐是不可想象的，在个人层面上，我们需要社会来协调和反映我们的欲望。在社会层面上，我们用自己的特殊美德作出贡献，但依赖于他人通过参与其他活动同样作出的贡献。这意味着，超越个人追求的政治活动特别有益，因为它们汇集了我们共同幸福所依赖的资源。此外，对每个人来说，人际关系不仅仅是把每个人拼凑成一个更大的谜团。仅有工具性的行为是无法实现"eudaimonia"的，而所谓工具性的行为就是明确地追求自己幸福的行为。人们的社会活动，包括友谊和爱，必须是无私的。只有关心别人，而不仅仅是自己，你才能找到爱和友谊。如果你为了一个特殊的目的利用一个朋友或情人，你就有失去自己幸福的风险。正是通过关心别人，你自己也会变得快乐。正如哲学家所说，社会关系使人幸福，因为它们有一种内在价值，而不是一种使人脆弱的工具价值。

尼采的浪漫主义哲学与"eudaimonia"形成了有趣的对比。尼采拒绝把幸福看作欲望的平衡，而称其为一个扩展的计划。他认为冲突和分裂是幸福的基础。他否认欲望的冲突或脆弱的社会依赖性是幸福的障碍。相反，如果人们卷入冲突和混乱，他们会更快乐。人们安定下来达到平衡的和谐生活将是无聊的，实际上不会带来幸福。相反，通过拥抱欲望的冲突，我们才会扩展自己，并对挑战作出回应，这将带给我们某种形式的幸福。对享受的要求之间的冲突会使人活得快乐。尼采的幸福观与平静的和谐观背道而驰。

有了丰富的诗歌和思想，这些哲学家也许对我们现代的电脑游戏和电视技术就没有什么需求了。因此，我们可能会问，他们能对幸福和科技的独特兴趣提供怎样的见解呢？然而，如果技术影响我们的幸福感，我们就必须在这个框架中理解它，这种框架可能包含长期幸福感和短期幸福感、和谐与冲突之间的区别。

经典社会学作品中对幸福的恐惧

紧随亚里士多德对政治、社会和享乐之间关系的关注之后，社会学研究了个体动机是如何被大社会所设定和影响的问题。然而，社会学关注的不是如何使人幸福的问题，而是幸福和我们的欲望如何被操纵的问题。特别是一个满足我们基本需求的消费社会，是以我们更大的满足和发展为代价的。

雷伯格（Rehberg）认为，在 20 世纪，社会学家和哲学家纠结于人类的幸福意愿。他讨论了三位保守的德国哲学家：马克斯·舍勒（Max Scheler）、赫尔穆特·普莱斯纳（Helmut Plessner）和阿诺德·格伦（Arnold Gehlen）。雷伯格对比了这三位哲学家对幸福和享受的看法，以及他们对现代社会学关于快乐研究的贡献。正如霍布斯和其他人所讨论的那样，他们都把人类看作追求快乐者，并认为社会有可能因为个人主义的享乐动机而崩溃。霍布斯认为，个人关注和社会关注之间的这种矛盾是由不同的个人幸福观之间的冲突产生的。舍勒认为，人们偶尔参与的短暂感官刺激可能是令人享受的，但真正的快乐必须是持久的。快乐可以在道德活动和"精神上的愉悦"中找到。雷伯格指出，舍勒的定义实际上消解了大多数形式对快乐的常识性理解，因为高兴的情绪往往转瞬即逝。同样，普莱斯纳认为，快乐必须是一种平衡的体验，可以用微笑来表达，但绝不能用大笑来表达。后者被认为是一种压倒性的情绪爆发，缺乏必要的谦卑和优越感。格伦认为，当一个人通过发现世界和其他人来克服他的小我时，快乐就出现了。因此，通过艰苦的教育超越现状，才是真正的幸福之路。不幸的是，当人们对生活基本要素的知识增长时，幸福感就会降低，这使得人们很难绕过日常生活中的约束。因此，老年人必须找到一个非常不同于年少无知之人的崇高幸福。

这些哲学著作为社会学研究幸福打下了基础。雷伯格认为，这种"对世俗幸福的恐惧"源于他们对大众社会的恐惧，以及20世纪社会秩序与幸福之间的公开冲突。民主社会和现代生活造就了一个通过消费和经济财富寻求幸福的大众社会。舍勒、普莱斯纳和格伦都在创造大众文化方面遇到了问题，这些文化甚至让人发笑，并为个人提供了很多机会让他们从辛勤工作和教育中分心。当外行也可以自由地追求幸福，不存在特权时，世界就会变得平和而统一。于是便出现一种"价值相对主义"（value relativism），把社会变成了一个陷阱，让我们只有机会去寻求不平衡的短期幸福。那些追求短期享受的人不会遵守经典的道德体系，也无法将他们对稳定社会的看法与幸福国家的概念结合起来。正是基于这一点，他们反而暗示了一种被利用和超越了的幸福，一种能够维持社会秩序的幸福：

> 这是旧悖论的现代变体，即幸福因其实现而毁灭。然而，正是以这种方式，它可以被排他性地保留下来，如今不是为了上层贵族统治的封建社会，而是为了梦想、计划制定者和批判性的警告——这是一种特权，而这种特权被其否定的声音所稳定。

这些思想家厌恶他们在大众社会中所看到的。他们看到人们拼命地取悦自己，但在这样做的过程中破坏了幸福的社会基础。道德稳定、文化和文明提供了长期的、超越性的幸福，如今已经不可能实现了。对快乐的恐惧源于对快乐的概念化，这种概念化的方式不同于普通人和"大众社会"的行为。这些建立"真正的"快乐的方式，赋予了一个新的精英阶层以特权，他们从退出和抱怨现代社会中获得地位。

关于幸福的经典社会学著作也遵循类似的道路。对齐美尔（Simmel）来说，幸福是一种特殊的行动品质和精神状态，它应该与眼前的短期快乐区分开来。这也被称为"低端的幸福"，与之相反，高端的幸福与成熟的自我认同有关。齐美尔认为，人类的活动既是有限的也是无限的，生命是对自我限制的永久超越。因此，真正的幸福是一种超越简单快乐的持久状态。它不仅仅是对个人欢乐时刻的总结，事实上接近于宗教的超越。齐美尔的幸福观是一个理想主义和精英主义的概念，它与一般意义上的理解形成鲜明对比，是一个非常具体和激进的享受观。这样，许多日常的快乐都被抛弃了。

涂尔干（Durkheim）对幸福的兴趣不如对诸如疏远和失范等"社会疾病"的兴趣那么大。他认为，如果一个社会是按照人们能够理解和遵守的严格原则组织起来的，那么这个社会就是幸福的。因此，幸福源于哲学分析的原则。这些原则不是个人私利的概括，而是平衡个人短期需求和社会长期需求的原则。涂尔干表示，社会问题或"疾病"是由于现代化和个人追求以及未能认识到稳定和普遍的社会秩序的好处而引起的。民主的社会谈判并没有导致对共同利益的认同。沃温克尔（Vowinckel）认为，涂尔干所处的时代，以公民的要求为基础建立共同道德和社会秩序的务实思想正在失去阵地，因为中产阶级在如何安排社会方面已经采取了前现代的观点。对涂尔干来说，这意味着个人对幸福的追求必须排在第二位才具有稳定性，幸福必须与可预测性、情感一致性和确定性相结合。

根据沃温克尔的说法，最后一位考虑幸福问题的社会学家是孔德（Comte）。孔德最关心的是在情感生活和科学知识和谐的基础上建立一个更好的社会。他认为，幸福只有建立在"科学的自然秩序"的基础上才能获得，而充分整合智力和情感是必要的。自然科学的成就将给人们带来一种基于安静、坚定信念的有尊严的幸福。社会科学的作用是揭示世界的规律，展示一切是如何协同工作的。社会学家不应拘泥于实证工作的细节，而应根据社会中个人动机之外的规则来构想一种适当的道德秩序。而且，孔德认为，这种哲学是由法国大革命和当时的政治动荡造成的社会危机引发的。

在所有这些早期社会学研究中，幸福的自然存在和幸福的应有形式之间存在区别——也就是说一种对赤裸裸形式的幸福的诋毁，以及一种和谐的幸福形式的形成，平衡了个人与社会的关切。当然，这些都是保守派立场，他们主张那些能维持稳定的东西。然而，晚近的社会学尽管对幸福的作用有了更激进的表述，却仍然保留着对"赤裸裸"幸福的诋毁。马尔库塞的《单向度的人》（*One Dimensional Man*）一书就是最好的例子之一，这本书对于 20 世纪 60 年代的学生反对独裁主义的抗议活动有着特别的影响。马尔库塞描绘了一个扁平社会，在这个社会里个人不再质疑自己拥有什么，也不再考虑改善生活的方法。生活变得可以忍受了，这对大多数人来说似乎已经足够好。对马尔库塞来说，"社会"（更具体地说，是资本主义）产生了一种与稳定秩序相适应的幸福形式，但这并不是涂尔干或齐美尔的高端幸福。在心满意足的表层之下，人们的内心深处并不快乐。

▲ 马尔库塞强调，改变现代生活并不那么容易，因为这种生活方式与社会组织具有深刻的联系。它已经屈从于一种以技术和工业为导向的理性，即人们在表面上变得既依赖又满意。

◄尼采拒绝把幸福看作是欲望的平衡，而称其为一个扩展的计划。他认为冲突和分裂是幸福的基础。他否认欲望的冲突或脆弱的社会依赖性是幸福的障碍。

▼维特根斯坦说："快乐不是印象，因为印象不会产生快乐的后果。"

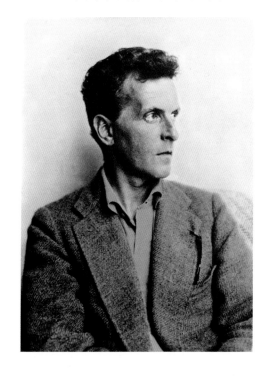

▲ 我们会把最享受的时刻限定在登顶时大脑的最大刺激上，还是限定在确认成功的时刻？攀登本身是痛苦而不愉快的，但它是登顶的乐趣的一部分。

◀按照约翰·杜威的描绘，正是通过感觉器官，生物直接参与了与它们相关的世界。它把注意力集中到那些预先被掌握的事物上，使之成为一种直接的感觉，在这种情况下，物质世界的奇迹在经验上成为现实。

▶加芬克尔所谓的日常生活中"缺失之物"，不仅是关于生活中的细节或琐事，而且包括世界普遍而复杂的结构。

◄ 诸如在爵士音乐家考特尼·派恩的音乐会上，正是在这样的审美时刻，即语言的作用被淡化、感知被优先考虑的时刻，我们才能充分地生活。

▼ 关于如何在钢琴上即兴演奏爵士乐，音乐家结合身体和审美实践，描述了他如何越来越多地获得了在时间和空间上扩展双手的技能。这是一种排除了"自省意识"的表达。

◀在《侠盗猎车手》中，与警察的较量不仅仅是对虚拟人物的操控，也不是灵巧的操作。游戏的很多内容并不具有模糊性，但只是让我们有一个虚拟的游戏行动。

▼正是因为对市场的模仿，《大富翁》才是一个好的游戏。游戏会反应我们自己的时代或提供对我们所处困境的洞察方式，并为游戏体验增添色彩。

▲《魔兽世界》的玩家必须对游戏做出相当大的承诺：他们必须围绕游戏中的事件来组织其生活的某些方面。如果一场游戏开始与圈外的世界发生太多冲突，我们可能就会积极地监管边界，并选择拒绝或降低我们对该游戏的投入。

▲ 无数年轻人为舞台上的游戏玩家尽情欢呼。尽管《反恐精英》文化与游戏体验的最核心组成部分是从机器、玩家和环境的交互中，以及玩家与核心游戏机制的接触中获得的。

▲ 狩猎通常是分小组进行的。每个小组由一名领队、驻扎在看台上的几位"步枪"（射手）和驯犬师组成。驯犬师牵着狗穿过地面，把目标动物赶向步枪所在区域。

▶ 猎杀不仅仅是射击动物那么简单。要想正确地猎杀，就必须做一次"干净利落的射击"——能让动物立即死亡。这是来自狩猎的一种更黑暗的快乐。

◀普莱斯纳认为，快乐必须是一种平衡的体验，可以用微笑来表达，但决不能用大笑来表达。后者被认为是一种压倒性的情绪爆发，缺乏必要的谦卑和优越感。

▼阿诺德·格伦认为，当一个人通过发现世界和其他人来克服他的小我时，快乐就出现了。因此，通过艰苦的教育超越现状，才是真正的幸福之路。

▲边沁认为，享乐和减轻痛苦是人类生活的主要动机。他采取了实践的方式来论证公共政策的变化是以此为基础的，公共政策旨在令"社会快乐最大化"。

◀马克斯·舍勒认为，人们偶尔参与的短暂感官刺激可能是令人享受的，但真正的快乐必须是持久的。快乐可以在道德活动和"精神上的愉悦"中找到。

▶西梅尔认为，真正的幸福是一种超越简单快乐的持久状态。它不仅仅是对个人欢乐时刻的总结，事实上接近于宗教的超越。

▲ 工人们通过某些技术来管理一份可能会毁掉灵魂的单调工作。社会交往的贫乏伴随着最初的沮丧，互动让 12 个小时伴随时钟的"慢性自杀"变得比较容易忍受。

◄在无聊和沮丧之间保持平衡的状态被西克辛米哈利命名为"流态"，他把这种状态描述为：人们完全投入一种活动中，而其他事情变得无关紧要；这种体验本身是如此令人愉快，以至于人们会不惜代价地去执行它。

►正如高普尼克所说，当谈论孩子时，我们可能会谈论抚养他们的成本和负担，但很少有人会真的仅仅把它当作一种劳动形式而抛弃。

▲在夏季的斯德哥尔摩的郊外，每周都有一次摩托车爱好者们称之为"黄色咖啡馆"的聚会。一般在星期三，大约有300到400名摩托车爱好者来到这里，进行炫耀和社交。

▲看电视的社交性在于我们可以与他人共同观看。 在任何时候，我们都可以和周围的人交谈，哪怕只是对电视上发生的事情做出回应。

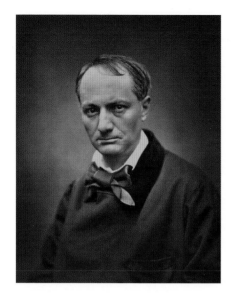

◀查尔斯·波德莱尔关于流浪者的概念，给了我们一个关于巴黎生活的享受与痛苦交织的情景。描述他在巴黎漫步经历的许多诗歌文本中，快乐和享受是核心。

▶流浪者停止他的享受，而由作家把他的声音借给了他所观察的人，就像维克多·雨果那样，他把自己作为一个公民与其他公民放在一起，分享他人的欢乐和悲伤。

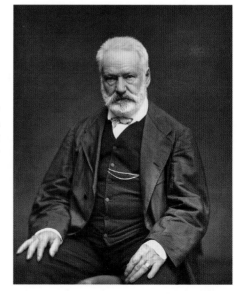

▲ 正如齐格蒙特·鲍曼所说，流浪者是指"无目标地漫游，偶尔停下来环顾四周"的人。因此，流浪被严格定义为步行活动。

◀瓦尔特·本雅明把流浪者描述为工业革命的产物——一个吞没了周围街道和其他人行为的半成品。

▼在电视发明的最初几个月里，基本技术已经从约翰·罗杰·贝尔德开创的磁系统转变为贝尔实验室开发的更实用的电子系统。

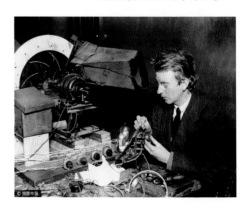

▲ 通常发生在道路上人们之间的互动，是吉登斯定义的社会互动作为对周围人行为和反应的方式。与办公室会议或家庭聚餐中的面对面交流相比，这是一种比较狭隘的社交方式。

◀麦克卢汉试图区分媒体的消费方式和观众的积极作用。虽然意识形态的问题往往相互矛盾，但我们并不是在调查电视的意识形态内容，而只是调查它是如何被使用和欣赏的。

▶关于积极的享受观，英国广播公司最为典型，它提供了各种各样的享受。公司的宗旨规定其使命是"告知、教育和娱乐"。

马尔库塞认为，在资本主义时代，人们认同他们消费的东西，比如汽车、厨房用具或高保真音响系统。他们体验这些物品的方式是由社会系统创造的：人们不仅要消费他们并不真正想要的产品，而且还要为此花费大把的金钱。他们为满足自己的"虚假需要"付出代价，终身从事令人筋疲力尽、应接不暇的工作。马尔库塞的论点基于对食物、住宿和衣服的需求与"虚假需求"（对诸如工业产品、现代艺术和科学、休闲和享受等的需求）之间的区别。他在描述我们的"真正需要"时语义含糊，但似乎是关于自我决策和摆脱控制的自由。

马尔库塞强调，改变现代生活并不那么容易，因为这种生活方式与社会组织具有深刻的联系。它已经屈从于一种以技术和工业为导向的理性，即人们在表面上变得既依赖又满意。"机器"创造了市民的需求。通过现代通信和广告不断创造新的需求，然后该系统可以满足这些需求：

> 他们的满足感对个人来说可能是最令人满意的，但这种幸福感并不是一种必须维持和保护的条件，如果这种幸福感有助于阻止人们（自己和其他人）认识整体性疾病并抓住治愈疾病的机会进行发展，结果就是不幸中的幸福。大多数流行的需要——放松、娱乐、依照广告进行的行为和消费、爱恨他人爱恨的东西，都属于这类虚假的需要。

马尔库塞的评论已成为社会学批判大众消费的基础。从舍勒、普莱斯纳到格伦，都保留了对享乐的批判。因为它现在存在，并且描述了一个更公正的快乐。然而，尽管那些哲学家认为这种新的快乐将维持社会秩序，但对马尔库塞来说，这种新快乐的实现需要摧毁当代社会。然而，不管他们之间有什么不同，却都保留了社会分析家对目前获得的快乐作出判断的权利。对社会的批判在某种程度上依赖于对普通享受的批判。这是对"即时满足"（immediate gratification）的批评，认为它永远不会带来真正的幸福。相反，幸福可以在一个长期的关注中找到，这个关注包括对现有快乐的抵制和对我们实际上没有想象中那么幸福的认识。马尔库塞的批评基于对可实证的社会实践的否定。他认为公开可见的经验是不可信的。他和其他思想家一样，不喜欢庸俗或不平衡的幸福表达方式，或者称为"幸福的快感"。

马尔库塞的讨论是高度概括和抽象的。他认为存在一个系统或者说"机器"，它创造了虚假的幸福和虚假的"美好"生活。这是一种把现代人当作"快乐的傻瓜"的解释，辅之以对其他生活形式的模糊描述。它引导社会调查要么揭示隐藏的不快乐结构，要么可能存在于社会之外的地方。总而言之，对于舍勒、格伦和普莱斯纳来说是正确的，同样适用于涂尔干、齐美尔、孔德和马尔库塞。他们中没有一个人认为新兴的个人主义、消费主义和多元化是迈向更自由、更幸福的社会阶梯。相反，他们认为社会生活是混乱和有问题的。他们对幸福有一种矛盾心理，几乎是对幸福的恐惧，认为这是一种正当的社会关切。首先，他们认为快乐的表达，如笑声是徒劳的，快乐是短期的。更糟糕的是从长远来看，专注于寻求快乐会导致幻灭和不快乐。这就是雷伯格所说的"幸福的技术问题"（teodicée problem of happiness）的核心所在，幸福是日常生活中的一个永恒问题，但把它作为个人的主要动机就会破坏社会规范。

面对这种对社会秩序的威胁，这些知识分子把幸福改造成了一种社会秩序再现的手段。幸福应该是持久的，并独立于强烈的情感。幸福是一种模糊和被篡改的体验，依赖于流行社会秩序的谦虚和欣赏。我们再一次看到了经典社会科学家如何强烈地为幸福辩护，认为幸福存在于人们的日常生活之外，快乐不是在享受中产生的。当然，这就没有多少空间可以把享受和幸福作为普通的活动和经历了。这些关于享受的观点是从学者的叙述中得出的，而不是从任何形式的描述中总结出来的。这些高度规范的哲学话语表明，我们有机会对人们正在做的事情进行更密切、更尊重的表述。

对享受型社会的心理分析

社会学对幸福的解释，很大程度上借鉴了精神分析对享受和社会的描述。在《不满的终结？》（*The End of Dissatisfaction?*）一书中，心理学家托德·麦高文（Todd McGowan）讨论了他所说的从禁酒社会到享乐社会的转变。基于心理学家雅克·拉康（Jacques Lacan）以及批判性理论，他对美国流行文化进行了解读，指出限制人们对个人快乐思考的规范性规则的减少，以及限定了人们自我享受的社会压力的产生。这一社会处方不仅出现在公共广告中，也出现在政治声明中。例如，乔治·布什（George W. Bush）曾评论说：打击恐怖主义是对参观迪士尼乐园权利的捍卫。

麦高文认为，社会的制度安排是为了阻碍人们追求个人享受。法律和道德的建立是为了使人们为社会秩序工作，而沉溺于个人享乐则被视为与社会秩序直接冲突。有趣的是，他认为在这些高度受限的社会中，享受在某种程度上仍然是支持社会秩序的一个重要因素。他借鉴了拉康的"小客体"（*petit objet a*）的概念，指的是渴望拥有明确不允许之物。强大的规范突出了不可能拥有的东西，这使人们渴望得到它们。他将这一概念与弗洛伊德（Freud）关于"超我"（super-ego）作为个人行为的热情控制者的讨论结合起来。拉康认为，超我需要某种力量或欲望以及道德知识来控制个人。这种欲望与遵守规则的乐趣密切相关。因此，个人有可能会享受为社会更大利益所作的牺牲。总的来说，现代社会的形式并不是仅仅因为它禁止享受而失去了享受，而是通过禁止人不能拥有的东西来产生享受。

然而麦高文认为，随着享受型社会的出现，这种特殊的依赖性发生了变化。在享受型社会中，我们沉溺于各种享乐的想象。我们在无所不在的电视和电脑屏幕上的运动画面中都能观察到欲望的对象。通过提供"完全享受的幻觉"图像，我们感到自己可以享受这个世界。当我们欣赏一幅图像时，它只代表了世界本身的一部分。看一张理想中的人的照片会产生享受和快乐。因为照片不是真人，所以比实际接触更安全，这可能会导致更混乱和要求更高的关系。虽然由此可知，观看图片的快乐并没有人的陪伴带来的享受那么充分，但麦高文将观看图片的享受视为一种个人活动，这种想象中的享受也导致了隔离。

此外，现代的交流允许瞬间和无所不能的访问，回避了过去的一些享受障碍。以前，人们不得不生活在对他们无法触及的对象的渴望中。然而，随着社会的享受扁平化，我们已经失去了这种欲望，因为一切总是触手可得。麦高文以"用户故事"

（user-generated storytelling）为例，它借鉴并嵌入了诸如电视剧等公共故事。对他来说，这是一个说明了戏剧的每一个"空洞"如何被填满的例子。旧的叙述依赖于把事情抛在脑后并使细节模糊化，取而代之的是把一切都说清楚。享受的社会在那里又一次毫无禁忌，导致了一个扁平的社会。在其中任何事物都是被允许的，我们可以努力享受我们所拥有的一切。然而，人们觉得有义务自我享受以免给别人带来麻烦。遇到困难或生病而不能享受，将会对其他人的享受产生负面影响。因此，每个人都必须把自我享受当作个人的责任。

在这一点上，麦高文变得具有批判性。尽管社会要求我们享受，但这并不意味着我们真的在享受自己。当我们从一个禁酒的社会转向一个享乐的社会时，我们就失去了"小客体"。一切都是被允许的甚至是被提倡的，这意味着不再有任何欲望的对象。我们没有看到的是，一个禁酒社会的解体和人们对幸福越来越高的要求，也没有为我们提供足够的手段来享受自己。于是，他总结说，享受型社会的问题在于我们的享受不是太多，而是太少："我们不能像许多当代文化批评家所建议的那样找到抑制享乐的新方法。这意味着从生活在一个被命令享受的社会转向了从事享受的政治。"

我们拥有享受的义务，这个事实不能使我们满意。事实上，当我们专注于其他任务时，享受只是间接的。人们从一个活动转移到另一个活动，其间几乎没有区别或卓越之处，这是一种平淡和虚幻的快乐，因为一切都是好的，没有任何渴望的目标。麦高文的批评来自将快乐的平淡理解为一种社会和精神分析的失败。他认为，一个更好的享受方法在于认识到我们在社会中所扮演的角色，克服当前社会在我们寻求快乐时所提供的孤立感。承认这个"跑步机"是重建更真实的享受社会的第一步。麦高文建议我们放弃追求完全的享受，从禁酒社会到"享乐戒律"（hedonic commandments）的剧烈转变造成了这些问题。相反，我们应该追求部分的享受，这种享受是明显不确定和不安全的，而且是难以捉摸的。这种形式的享受之所以是部分的，是因为我们天生会与他人分享；它具有社会性，并且依赖于他人，这使得它的风险性凸显。然而，当面对社会性快乐和部分享受的这种不确定性时，我们将恢复享受的能力。

麦高文对享受在社会中的作用进行了一次有趣的尝试。他也像马尔库塞一样，专注于享受和社会秩序的共同创造，恰当地承认享受是一种社会活动。他借鉴了拉康的理论，将精神分析学中的享受概念作为一种恰当的社会生产来代替。

然而，麦高文也陷入了同样的理论陷阱。他关注的是一种最基本的快乐：离经叛道的（deviant）快乐。这种快乐依赖于对某些道德或法律原则的违反。只有当一个慢慢浮现的欲望得到满足时才能创造享受。如果你做了一些不被允许的事情，这就是你得到的快乐。当不再有任何约束时，就不再有不服从。但这是许多人都拥有的一种快乐。麦高文将人类经验的多样性视为人类生活的一个基本方面，并将其视为某种单一过程的产物。

麦高文的分析确实朝着理解快乐迈出了重要一步，因为快乐嵌入在我们的社会生活和彼此的互动中。而对精神分析的关注使麦高文无法产生一个完整的社会叙述。他强调，我们现在是与世隔绝和个性化的，我们现有的快乐是肤浅和短暂的。但这是一个谬论。即使是诸如看电视和玩电子游戏这样"孤独"的快乐，如今也已经具有了社交性，都依赖于与他人的互动和分享。

对快乐的实证研究

虽然上面的叙述与争论在概念上给了我们一些对快乐的理解，但对各种形式的快乐经验的描绘有明显缺失。对经济学家来说，快乐是一个数字变量，是人类中心价值的一维表示。对于哲学家和社会学家来说，幸福是对当代社会进行批判的基础，尽管这同样建立在对当代快乐实践本质的部分描述之上。

要对快乐进行严肃的实证研究，我们必须转向一个截然不同的领域：休闲研究。在这里，我们发现了当代对美好生活的实证分析，主要是从社会学的角度来描述当我们不工作的时候是如何对待自己的。休闲被定义为在"非强制性活动"中度过的远离工作的时间，或者是一种积极的活动，人们利用自己的能力和资源，既想做又能做，无论是个体的满意还是更深层次的满足。

尽管斯特宾斯（Stebbins）很少直接谈论享受，但享受在他对休闲的描述中占有重要地位。对斯特宾斯来说，休闲带来了积极的期望，并与自由和选择的概念相联系。它包括短期的无关紧要的活动以及持续的重要任务。斯特宾斯把"严肃的"休闲和"随意的"休闲区分开来。严肃的休闲需要长期投入并集中注意力。它需要训练，而且经常涉及一些类职业的内容。严肃的休闲需要努力，斯特宾斯将其与"认真、真诚、重要和细心"等体验品质联系起来。随意的休闲更直接地获得回报，对承诺和努力的要求也更少。人们为了纯粹的快乐而参与其中，当他们想做别的事情的时候就可以脱离它。斯特宾斯认为，大多数休闲活动都是随意的，尽管学术兴趣和学术认可自然会流向严肃的领域，但正是在随意的休闲中，我们获得了大部分的快乐。斯特宾斯将这些活动定义为不受约束的活动，反对那些将休闲定义为受外部社会因素制约，甚至由外部社会因素产生的活动。斯特宾斯认为，从个人的角度来看，这些活动是个体选择的，每个人可以根据喜好自由选择。这些选择并非没有限制或障碍，但所作的选择是真实的和重要的。

斯特宾斯针对的是个人的选择和观点，而更广泛的休闲研究则更关注社会因素与享受和休闲追求之间的关系。在某些方面，这一研究领域通过展示休闲活动如何与流行的社会结构交织在一起，来解构社会与享受之间的冲突这一"技术问题"。休闲研究展示了社会如何分配有关工作时间和休闲时间使用的一系列权利和义务，并将这些问题与经济全球化和经济生产联系起来。这包括记录影响分配的结构、谁有权支配剩余时间和快乐资源、如何从不同形式的休闲中获利，等等。有人认为，即使个人对某一物品的欲望可能属于心理学而不是社会学，但这种物品的可得性取决于社会因素和消费品的生产：

> 个人选择是由社会、文化、政治和经济变量决定的。我们可以选择休闲活动，但我们这样做的方式反映了国家、文化、传统、性、财富、收入、民族、宗教、健康和年龄，以及个人品位和性格。

休闲研究与对享受和休闲体验的理解具有某种复杂的关系。有些社会学家认为，对经验的研究属于心理学领域；还有人认为，正如罗杰克（Rojek）、肖（Shaw）和维尔（Veal）所说，休闲活动是感性的、可变的、多维的和可移动的，而不仅仅是经济、文化和社会再生产的表现。相反，经验和直接背景是研究的出发点，其分析兴趣是权力体制结构的参照点和公民身份和主体性的论述。因此，很少有关于休闲体验的研究是基于经验数据的，这就不足为奇了。其主要的兴趣在于展示"非商业化"活动实际上是由更大的社会力量组织起来的。斯特宾斯的工作为我们在理解社会成员的休闲体验方面提供了很多帮助。

我们还必须关注西克辛米哈利和他的团队，以便找到那些对休闲和体验的更精细描述。他们试图捕捉人们在特定情况下以及从事各种任务时获得的体验。西克辛米哈利认为，仅仅获得关于所发生事件的事后描述是远远不够的。因此，他的团队开发了"经验抽样"（experience sampling）的方法。通过这种方法，研究人员提供了事先定义好的类别，要求受访者描述他们在一天、一周或更长时间内所做之事及其经验感受。

人机交互的乐趣

我们越来越集中地关注技术与享受。让我们接着讨论一个领域——人机交互。在这个领域中，快乐和技术已成为人们的主要兴趣，而且人们也直接关心如何设计技术。随着电脑被引入家庭，用户在家庭互动中比在工作环境中更可能要求享受。

哈森扎尔（Hassenzahl）将 HCI 对乐趣的理解和概念化追溯到卡罗尔（Carroll）和托马斯（Thomas），他们认为 HCI 的主要方法应该是通过降低处理数字产品的复杂性来提高其可用性。享受，或者称为满足，被认为是无关紧要的，它从复杂界面工作的痛苦中解脱出来。当考虑到电脑游戏的乐趣时，以上说法显然是不够的，重点应该是把复杂性变成有益的东西，而不是逃离问题或挑战。

尽管如此，HCI 还是在娱乐、愉悦和休闲的设计方面做了零星的尝试。在《娱乐学》（Funology）一书中，布莱斯（Blythe）、奥沃比克（Overbeeke）、蒙克（Monk）和怀特对这类研究进行了概述。哈森扎尔也讨论了社会心理学的相关研究，这些研究通过实验探索了我们如何参与和评估活动。例如，社会心理学家已经讨论了最初的期望如何影响我们的享受，以及如何随着时间的推移改善体验而不是使其恶化，即使恶化的体验总体上更令人愉快。哈森扎尔认为，即使身处独特的情境中，我们的经验也很容易被简化为一般模式。更广泛地说，我们的愉快体验可以简化为几个基本模式，这些模式可以在工程方面进行有效的操作。

将这一领域的新课题界定为社会心理学的派生是有意义的，因为 HCI 中的可用性研究传统上与心理学有关。哈森扎尔讨论的实验工作，其特征忽略了世界变化的重要部分。实验是分阶段进行的，而且它们没有提供足够的材料来启发设计。以这种理论为基础的，为享受而设计的具体方法也受到质疑。例如，在医疗手术后编制的主观报告是否一定能概括为理解享受本身的广泛原则，这一点尚不清楚。

实验室的工作受到批评，促进了 HCI 内对这些准则的不屑一顾，他们不谈论无法形容或无法解释的东西。奥沃比克等人借鉴了设计师的专业经验，提出一份设计宣言，强调所有感官通过审美和享受在产品的感知和体验中结合在一起的物理和身体交互情况。乐趣不仅是让物体看起来令人愉悦，更是让用户的内心充满笑意。森杰斯（Sengers）提出了一套由艺术、社会科学和文化理论相结合的方法。她对那种将经验形式化和热衷建模，并最终将其编码成软件的尝试持批评态度。她主张放弃"泰勒主义"（Tayloristic）模式，从基于任务的互动工作转向支持享受和体验的数字产品，特别是向享受设计以及一般性的体验性设计的转变，这些都应该涉及一种不同的研究方式，这种方式应当是开放的，并将更多的体验创造留给用户。森杰斯和奥沃比克认为研究人员要么邀请训练有素的专业设计师参与，要么降低这一领域的设计雄心。在我们看来，这种观点有利于在传统社会学和人类学基础上对实践进行更广泛的理论解释。

在民俗学与技术有关的研究中可能有一个更严重的缺失：技术的民俗学有时无法描述作为特殊经历的一部分的情感活动。例如，托尔米（Tolmie）、本福德（Benford）、弗林特姆（Flintham）、布伦德尔（Brundell）、亚当斯（Adams）、坦达万蒂（Tandavantij）、法尔（Far）和贾纳奇（Giannachi）对"尤里克和埃蒙规则"（Ulrike and Eamon Compliant）装置进行了讨论，其目的之一是唤起人们对玩家扮演两个臭名昭著的恐怖分子角色的系统反应。然而，他们几乎完全没有探究这一事件的体验本身。尽管自称是民俗学研究，但奇怪的是没有讨论这种体验可能引发的享受、不适、反思等问题。托尔米等人错过了可观察的体验本身（也就是感觉），最终呈现出对社会环境的一种贫乏的看法。正如施密特（Schmidt）在评论中指出的："在介绍他们的研究并将计算机支持的协作工作（CSCW）概念应用于案例中时，他们未能给出一个提示，即玩家是否玩得开心！"

虽然享受在工作中很重要，但在娱乐活动中肯定更为突出。这并不是说令人愉快的活动或游戏不涉及艰苦的工作。通常来说，活动所需的技巧性才是享受的原因。事实上，在活动中享受是可以被观察到的，它同样是游戏的一部分，人们很难错过它。忽略这一点就会错过游戏描述中最显著的元素：它是有趣的。

我们讨论的内容关注了各种方式的享受和快乐。经济学、心理学、哲学和休闲研究领域对我们研究方法的制定是非常有益的。计算机科学和人机交互领域有着大量的个人研究，其中包括将快乐作为设计和实施研究原型的一个激励因素，但这些研究只提供了在计算机使用中关注享受的简短尝试。到目前为止，我们回顾了许多学者对享受的看法，但很少有人以自己的方式来探讨这一问题。享受在深度研究中似乎被抵制了，由于它是被衡量和被批判的，因此我们很少有足够的时间来追问它的本质是什么。

第五章

家庭和朋友带来的快乐

一种技术与两个环境

在一部名为《我们讲述的故事》（*Stories We Tell*）的自传体电影中，莎拉·波莉（Sarah Polley）通过对家人的采访讲述了她童年的故事。影片揭示了波莉的出身：她以为的父亲实际上不是她的生父。在这件事的真相被揭露后，她的父亲写信告诉她对妻子和外遇的看法，以及发现莎拉不是他的孩子的感受：

> 亲爱的莎拉，在过去的 24 小时里，我的思绪一直在飞驰。
>
> 我希望尽可能多地把我的想法写在纸上，这样就能停止那种疯狂的内心挣扎，让思绪回归理性。无论我们做什么，我们都不能把 1978 年发生的那些事件归

咎于黛安娜。那时我们已经结婚十多年了，我们的结合并不完美。"爱是如此短暂，遗忘是如此长久。"聂鲁达（Neruda）曾这样写道。

（婚外情发生后）黛安娜回到了多伦多，我们三个很高兴她能再次同我们生活在一起。后来我发现她怀孕了。对我来说，这是快乐的。对她来说，一定很痛苦。听着，在她经历的所有精神痛苦中最可怕的是，如果她没有把整件事告诉我，她永远不知道我的反应会是什么。我相信我会告诉她不要担心，我已经准备好做一个养父。但我又失败了。为什么我们总是说个不停，或者至少我确实是这样的，却没有表达出我们真正的想法？

很明显，即使在她父亲谈到他的痛苦时，这个家庭感受到的仍是一种强烈的爱，尽管可能是苦乐参半的。

我们已谈到，快乐是一种社会实践，是发生在世界中的事件。要理解快乐，就不能停留在大脑的界限之内，还必须理解我们在不同时期感受到快乐的不同事物、我们对自己和他人的快乐所做的不同决定，以及我们如何判断这些快乐。电影中试图捕捉一些家庭生活和爱情的模糊性。父母不仅为我们的第一次情感体验，也为我们感受到的最强烈体验创造了场所。我们试图探究其中的一些情感，尤其是朋友和家人的陪伴带来的快乐。

快乐有不同的形式。例如，在游戏中重要的叫喊和回应，在长时间的平静驾驶因舒缓不适而发出声音。这两种体验除了可能同样令人愉快，还说明跨越不同形式的快乐具有共同点。将快乐描述为一种"社会实践"，强调了快乐活动的集体性质。当然，我们可以自己享受快乐，但快乐的分享可以使一些事情从零星琐碎变成集体安排的、复杂的、需要技巧的活动。此外，正如齐美尔指出的，我们经常从社交中获得极大的乐趣，比如与同事闲聊、与我们可能很少有共同经历的亲戚相处，或者与朋友在酒吧里激烈辩论。友谊、家庭和社交都以不同的形式与快乐交织在一起。

因此，我们可以看到技术是如何以一系列日益丰富的方式来支持社交的。在现代社会，社交网络和信息传递等应用程序已成为许多人组织社会关系的重要因素。我们只能假设这些技术本身在不久的将来会发生变化。然而显而易见的是，技术越来越多地介入我们与他人的社会关系中，而许多乐趣也来自技术本身的使用。那么，我们该如何看待友谊和科技所支持的快乐呢？更广义地说，如何将友谊和家庭作为享受的社会制度的一部分来安排？

人们可以尝试用民俗学的方法来研究家庭和朋友，但不会起到立竿见影的效果。我们的社会关系是无处不在的，它们遍布于我们周围，而且几乎涵盖了我们享受的所有活动。社交关系在有些地方和场合最能凸显出来，比如酒吧、咖啡馆，聚会和节日。然而，在某些方面，这些地方发生的事件和情况缺少了一些普通的社交组织，即使用社交网络时会出现的情况。如果人们使用包含了丰富社会性"事件"的民俗学的方法，那么"非事件"就会消失。

在这里，我们使用了一种不同寻常的方法来应对这一挑战。我们没有直接采访或观察社会互动和社会生活，而是利用了提前设计的实验，将一种特定的技术运用到两个环境中：家庭和朋友群。当调查员不在场时，使用一个"探针"设备记录行为的各个方面，也可以防止各种不必要的干预。我们会讨论两个不同的系统：在第一个例子中支持家庭内部的沟通；在第二个例子中支持朋友之间的沟通。

我们运用的第一项技术叫作"行踪钟"（Whereabouts Clock）。行踪钟不是作为一种分发信息的方式或通信工具而设计的。行踪钟允许用户以一种"轻度"的和保护隐私的方式一眼就能看到家庭成员所在的位置。行踪钟基本上会跟踪并显示家庭成员是"在工作"、"在家"，还是"在学校"。

行踪钟作为家庭成员之间展示和表达关爱的装置也带来了很多乐趣。行踪钟让家人在相隔很远的时候能够看到对方的日常行动，同时也能对此进行评论并表明对家人的关心。尽管我们对家庭生活中常见的紧张和不快并不陌生，但这些负面情感是通过家庭关系中的爱和爱的挫折来平衡的。然而，在关于家庭的社会学文献中，我们发现了一种相当消极的家庭生活观，其中几乎没有享受和快乐的元素。

在第二次技术实验中，我们探索了另一种令人愉快的社交方式：友谊。我们利用 Connecto 这一系统，此系统也能共享位置。然而在这个案例中，系统允许在朋友圈共享关于他们所处位置的简短状态消息，并使这些状态在他们的社交组中自动可见，而非在家庭成员之间共享位置。行踪钟支持家庭关怀，但Connecto 被更为随意地使用。Connecto 成为一个平台，可以发布笑话、评论和游戏。Connecto 成为朋友之间十分常见的社交互动装置。事实上，人们可以轻易在不同的技术媒介中复制这些互动。在这里它强调了调侃和玩笑作为朋友圈社交能力的重要部分。如果我们查阅有关社会关系的文献会发现，在研究"社会网络"的不同方法中，很少考虑到在友谊中实际发生的事情——面对朋友我们会做些什么。通过对 Connecto 的研究，我们可以了解其中一些令人愉快的做法。

我们在这里关注的不是特定的技术，而是可以从这两个社会实验中学到的社交环境中的快乐。虽然这两个实验让我们对享受作为家庭或朋友部分互动的作用有了一些了解，但我们进一步论证了社交是享受活动的基本特征。因为要把快乐转化为复杂的社会实践，就需要有他人在场。

定位家庭

　　家庭的重要性没有逃过社会科学的注意。事实上在许多方面，家庭几乎是每一种经典社会学方法的主要话题。尤其是功利主义和女权主义使家庭成为理解社会的关键。尽管如今家庭有多种定义，但这两种方法揭示了通过社会学研究家庭的许多背景假设。社会学家普遍认为，家庭作为一种分配家务劳动和抚养子女的重要机制，对家庭劳动作为家庭生活的一个决定性因素产生了重大影响。在功能主义方法中，家庭在维护社会稳定方面发挥着重要作用。默多克（Murdock）认为，家庭控制性行为、支持繁育后代、允许在家庭成员之间分配资源，并提供了一个让年轻人社会化、接受社会规范和价值观教育的平台。正如帕森斯（Parsons）总结的那样，家庭为孩子提供了一个基本的社会化环境，让孩子接受社会规范，并通过为成年家庭成员提供情感支持来稳定他们的个性。作为一种方法，功利主义有许多局限性。其中最重要的是，它导致了一种特别保守的观点，认为家庭是社会的基础。围绕家庭的许多关于"新权利"的论述基本上是在重复功利主义的观点，并对当代社会家庭生活形式的多样性产生了忧虑。

女权主义者的研究是对这些方法的最清晰批判。尽管女权主义对家庭生活的描述多种多样，但人们最关心的是家庭产生并支持的不平等分工。父权制——男性以各种形式支配社会在家庭成员之间的关系中变得个人化。对此，珀迪（Purdy）认为，妇女作为儿童保育员的角色导致了她们的被剥削。而妇女在家庭中的从属角色是强制性的，尽管妇女作为保育员和家庭工作者的劳动时间很长，但她们除了维持生计外几乎得不到这种劳动的补偿。即使在相对自由或者在双方都有工作的家庭中，人们通常也会发现伴侣之间的劳动分配是不公平的，大部分家务劳动和照顾孩子的责任都落在家庭中的女性成员身上。马克思主义的女权主义者在此基础上进一步论证，这种剥削使建立在资本主义基础上的根本不平等永久化了。例如，贝斯顿（Beston）认为，家庭责任使男性工人不太可能罢工。家庭价值观教会服从，孩子们学会接受等级制度及其在其中的地位。

女权主义者和功利主义者对家庭生活的描述都相对较少关注家庭成员之间发生的互动。例如，古布里安（Gubrium）和荷斯坦（Holstein）的研究考察了"家庭"概念在家庭与机构的互动中的争论性和产生方式。家庭社会学仍然是一个充满活力的当代研究领域，大量的实证研究工作涵盖了家庭生活的各种主题。

虽然家庭作为技术的重要购买者和集体使用者而存在，但家庭生活和技术之间的相互作用在人机交互领域中得到了更广泛的探讨。在 HCI 内部主要关注技术如何支持对家庭重要活动的协调和管理。有一些研究记录了时间管理、日历使用、工作活动的协调以及与远方家庭成员之间的沟通。在某种程度上是因为这些领域看起来特别适合技术扩展。例如，电子日历在工作场所已司空见惯，因此这种系统稍作修改就能够适合家庭生活。尽管这些方法如此多样化，但在不少方面，人们仍然普遍关注作为一种"需要完成"的家庭劳动，无论该主题是关于对这种劳动的当代安排，还是关于如何用技术来协调这种劳动。

可是，作为家庭生活中心的享受在哪里？一个挥舞着妻子和家人照片的父亲，不仅是在展示他的父权统治，而且是在他的家庭成员的爱中获得真正的快乐。其实，家庭生活的许多快乐来自被关心以及关心他人。当然，这两者都有可能是负担，但我们发现从这一角度可以了解家庭是如何成为一个平台，以便让生活能够集体地、愉快地共同度过。事实上，女权主义者的批判之所以如此有效，或许正是基于他们打破了对家庭的规范性观点。但同样都只是部分正确。

正是在这样的背景下，我们介绍了行踪钟的相关情况。如上所述，与协调家庭工作相比，行踪钟最无趣的用途是作为一种协调装置。事实上，它的信息显示能力相当差，在其类时钟显示器上传递的信息相对较少。在《哈利·波特》（*Harry Potter*）中，韦斯莱（Weasley）一家有一个魔法钟，在钟表上有手指示每个家庭成员的位置和状态。然而，使用行踪钟作为定位设备来显示位置信息具有一些有趣的特性。首先，行踪钟会被放置于家中的某个地方，在那里它就像时钟一样成为家庭生活的一部分。该界面的设计目的是让家庭成员"一目了然"地看到信息。这也意味着行踪钟的显示是"始终打开"的，其信息始终保持在视觉的范围内。

我们对于行踪钟的制作和试验有着一系列的目标：了解家庭生活和技术，而不是了解此技术是否会畅销。我们在 7 个非常不同的英国家庭中安装了行踪钟，开始采访并观察这些家庭。

行踪钟像家庭日历一样，可以用来协调活动，支持合作形式的家庭生活。事实上，我们调查的家庭都在谈论"打开水壶"——这是英国人为家人进门时准备一杯茶的传统。然而，协调当然不是我们调查的家庭所认为的行踪钟的主要价值。相反，它是一种支持家庭成员之间互相关爱的工具。家庭经常以明示或暗示的方式将行踪钟描述为"令人安心的"：

> 你知道吗，我刚进来，是的，每个人都在正确的地方，一切安好；你知道吗，只需要瞥一眼……嗯，感觉很好，这不是在查岗。这只是一个小小的安慰，每个人都在该在的地方，一切安好，退一万步讲，至

少他们的手机在正确的地方（笑）。我是说，你知道吗，你也许会做过头了……但你不会把它当作某种安全设备。

家庭成员们在正确的时间出现在正确的地点，行踪钟不但让家庭成员安心，而且让人有一种压倒一切的感觉：世界正在正常运行。如上所述，在行踪钟上看到每个人都在他们应在的地方，就有一种"一切安好"的感觉。瑞秋作为一位母亲，在谈到她离家上大学的大女儿时，也说了类似的话：

> 当你无法看到你的子女在哪里的时候，就会有一种可笑的焦虑感，这种焦虑感会悄无声息地冒着气泡……我觉得行踪钟在某种程度上帮助了我的想法："是的，他们肯定已经到了那里，现在肯定在那里，他们正在回家的路上。"

因此，行踪钟似乎令瑞秋放心了，让她确信了远方女儿的下落。同样，行踪钟并非通过提供精确的地理坐标来做到这一点的。正如瑞秋所说，行踪钟只是一个额外的可视化工具，一种收集足够信息的手段。我们没有预料到的是，行踪钟的钟声也使人感到安心。当钟鸣响时，人们会瞥一眼或走近它，看看是谁移动了，他们从哪里移动到了哪里。事实上，很多家庭都说他们几乎是迫不及待地被行踪钟吸引，因为那声音让大部分时间待在家里的父母对钟的感觉特别强烈。例如，梅格选择把钟放在卧室里，这样每当钟声敲响时，她就可以很容易地瞥一眼："有一些事情你想要搞清楚。你知道的，它发出的声音代表有人移动，你只要看一眼就行了。我不知道为什么，但就是必须得看看。"

无论潜在的动机是什么，安心似乎来自能够看到家庭成员的活动，来自在一个特定精确度上看到家庭成员活动符合已知的惯例。可以说，这种粗糙的地理位置之所以能够起作用，是因为看钟或读钟的方式深深地与家庭成员已知并确实有权知道的事情纠缠在一起。我们通过使用行踪钟看到的是，家庭成员能够使用相对粗糙的信息来直观地了解一种状态。这使我们进一步探索到地理位置的作用，不仅是单纯的坐标以及这些坐标的精确程度，还是地理位置如何与家庭成员位置的"家庭地理学"（family geography）相适应，或者更具体地说，家庭成员应该在哪里。

在研究如何使用行踪钟等技术时，很容易将家庭视为一个实体，而将家庭的社会安排或组织视为一个给定的实体。着眼于技术，我们可以忽略社会现象。然而，在许多意义上，家庭是一个"在制品"，有时需要艰苦的工作使其成员在一起、保持联系并维护共同的身份。简言之，一个家庭依靠其成员的工作，以某种可识别的方式把自己组织成一个社会群体。这项工作的目的之一是让家庭成员了解彼此的行踪、彼此的惯例，以及每个人的角色和责任（在其他社会和组织团体中也是如此）。萨克斯（Sacks）将此称为"私人日历"——家庭共同拥有的过去和未来事件的共享日程表。我们可以在此基础上进一步描述参与者的"私人地理学"——他们对城市不同地区的共同了解，以及这对于不同家庭成员意味着什么。当然，特定的成员有时会因为对其他家庭成员的不满而在以上事宜有所忽视。然而，显而易见的是，家庭成员特别是父母有义务注意并试图保持他们共同的地理位置和日历安排。任何一个家庭如果不履行这样的义务都将被视为失职。行踪钟很容易融入这些实践中：通过揭示那些远方的人的日常生活，有助于巩固每个家庭成员的身份——不仅是一个共享生活空间的群体，而且是一个有着情感纽带的支持和关怀的群体。

同时，行踪钟向我们展示了如何将共享日历作为家庭组织的一个特征来明确地实施。因此，通过展示一个家庭成员的位置，行踪钟有助于让家庭成员监控彼此的行为和惯例。正是这种监测和它的"行动性"成就并巩固了家庭关系，促进了家庭的"生产"。行踪钟的使用为我们预先设定了家庭是如何成为一个愿望或是一个工作目标的。同样，家与其说是一个地方，不如说是一个观念，它与共同生活、关怀和安全息息相关。

在这种描述之下，家庭生活的享受消失了。也许行踪钟所强调的家庭生活中最明显的令人愉快的方面是关心他人和关心自己。这可以很简单，只需看一眼行踪钟，或是晚上吃饭时开一个玩笑。这些都是简短但重要的行动，可能会在采访甚至民俗学研究中被遗漏，但当这些活动 24 小时不停地发生时，它们的新颖性就凸显出来了。通过看一眼行踪钟，女儿可以表明她在想念弟弟或母亲，而母亲在顾念她的儿子。行踪钟作为一个单一的装置，在家庭中的位置有助于促成这种"透明化"（Situatedness），因为它公开展示了正在发生的事情，所以行踪钟上发生的事件是一个适合公开评论的问题。通过共享形式进行的展示，产生了一种明显非个人的技术——家庭技术。

行踪钟提供的视觉效果让人安心，这个脆弱的家庭机构正团结在一起，哪怕只是多一天。这种恐惧与父母的养育方式密切相关，虽然很难解决，但至少得到了一点缓解。换句话说，这并不是彻底改革家庭关系，而是在现有家庭实践的范围内使他们成为一个家庭。

这就引出了相关实践与快乐和本书主题的联系。和任何活动一样，行踪钟不是没有挫折和挑战的。然而，拥有一个家庭和彼此相爱的经历，对参与者来说显然是非常宝贵的。当我们夜以继日地走进家庭进行访谈时，他们会在一起谈论和说笑发生的不同事情，父母监视孩子的可能性会被考虑并丢弃。因为行踪钟的位置精度很低，而且很容易被关掉。关怀不是一种负担、不是问题，也不是成本，而是让这些家庭共同享受的东西。正如高普尼克（Gopnik）所说，当谈论孩子时，我们可能会谈论抚养他们的成本和负担，但很少有人会真的仅仅把它当作一种劳动形式而抛弃。事实上，对许多人来说，他们的孩子是他们生活中最好的礼物之一。

在这一章的导言中，我们发现了家庭社会学的一些局限性。如果从劳动和生产的角度来分析，似乎家庭对其成员来说只是一种分配工作和福利的机制。有人因为想要积极地享受而主动选择花一天时间照顾自己的孩子，这种可能性在这类争论中几乎没有体现，而将其定义为一种无差别的劳动形式。正如罗兹（Rhoads）指出的那样，即使父亲和母亲之间有明显差异，但他们都高度评价自己照料儿童的享受程度。我们不是说，不应将照料儿童视为一种劳动形式，而是说，如果忽视家庭生活中发生的享受，我们最终会对家庭的概念和功能持有一种毫无说服力的观点。因为诸如照料儿童或表达情感这样的行为不能被当成一种劳动形式，甚至是一种资本形式来分析。

我们并不是说家庭生活仅仅是一种快乐，或者说它不需要付出努力。当我们面对如何谈论快乐的问题时，重要的是要把快乐看作一种在不同环境中以不同方式表现出来的制度。快乐并不是家庭生活中暂时性的一部分，家庭中的劳动都会得到回报：家庭成员对我们的认可，或对我们出人意料的评论和共享的价值观。我们很多有家庭的人都把它列为生活中给我们带来最大乐趣的源泉，然而独处的时光是如此辛苦，以至于会让我们停下来进行思考。享受是一种超乎独处时光之外的东西。

因此，人们如果想了解快乐是如何制造的，就必须了解家庭的运作方式，即享受制度是如何作为家庭制度的一部分而发挥作用的。家庭的压力有助于使其成就价值。这并不是贬低它的痛苦，也不是忽视有时家庭可能面对的严重问题，更不用说许多人在家庭生活中不幸遭遇的虐待了。

关于友谊

正如享受是家庭生活的一个重要方面一样，友谊也与我们的享乐生活交织在一起。事实上，对大多数人来说，发生在这些非亲属之间的社会关系构成了许多令人愉快的活动背景。

与朋友共度时光可能是我们从事的最令人愉快的活动。和家庭关系一样，这些关系可能会给我们带来一些快乐，包括友谊本身和与朋友在一起带来的快乐。发一条有趣的短信、在 Facebook 上互动、晚上聚会结束时互相拥抱，这些都是我们和朋友一起做的活动。此外，这些活动越来越多地以不同的方式通过技术进行调节。许多关于友谊的文献忽略了享受的概念。事实上，在我们自愿的社会关系中，友谊的内容和我们彼此之间实际所做的事情几乎完全被忽略了，人们倾向于把友谊算作某种数值变量。社交网络文献中有许多优秀的例外，但通常对网络的突出关注，尤其是对数字分析工具的应用，使研究者对这些社会关系嵌入的复杂活动视而不见。

通过社会网络分析，友谊及其通过技术而进行的调节已被广泛记录下来。然而，这项工作很大程度上依赖于对关系内容的移除，并将它们还原为成对关系。这对某些活动（如找工作）可能很重要，但对社会生活是否有更广泛的影响是值得怀疑的。事实上，把找工作作为一项活动来关注是对社会生活过度经济化的一种表现，这种做法忽视了我们面对面交流的重要性。如果考虑哪些社交关系在情感上对我们最重要，我们就不太可能选择很多轻量级的关系。无论这些关系在某些高度受限的活动中扮演怎样的角色，它们都远不如其他一些活动重要。

正是人际关系的内容，尤其是我们与朋友的关系被这些分析忽略掉了。与家人相比，朋友们做着截然不同的工作，有着不同的权利和责任，等等。实际的社会关系在形式上呈现出巨大的多样性，其中一种形式是我们对彼此活动的持续关注。我们在 Facebook 上的状态信息中看到了类似的情况。然而，当我们有面对面的亲密关系时，还有另一个极端：例如和朋友一起度假，意味着我们会花很多时间来分享我们短期内所做的每件事。度假者的体验与工作日朋友间分享短信的体验大不相同。

关系的内容是理解共享互动的关键。

我们该如何理解这些社会关系的内容以及如何理解这些活动的乐趣？首先，我们都已经存在于与他人的社会关系中。友谊的基本要素并不奇特，但会使我们更难看到友谊形成的许多不同实践细节。个人对这些现象的亲近程度会限制我们观察其不同形式的能力。第二个问题涉及对友谊的逃避，也涉及友谊的无所不在。除了最短暂的邂逅外，几乎所有的社会关系都被谁喜欢谁、谁喜欢他人的陪伴，以及人与人之间的纽带等性质的问题所掩盖。友谊无处不在，这会使民俗学研究变得困难，没有一个单一的"友谊之地"可以研究，也没有一个专门的机构来衡量它的健康性或在社会中的地位。如果人们想了解友谊的不同形式，就必须观察许多不同的活动，而友谊只是其中的一个组成部分。因此，我们一直在强调快乐的社会性，特别是我们与谁一起进行一项活动即情感生活的历史是理解每项活动的重要部分。然而，友谊本身就值得作为一种现象来审视。

与对家庭生活的调查一样，我们也使用了一种技术作为干预手段。它不是行踪钟，而是一个手机定位系统，名为Connecto。它可以在一群朋友之间显示文本和位置信息。该系统在一个社交群体中共享三项主要信息：位置（由手机本身检测）、人们在当前位置的时间长度（或最后一次离开已知位置的时间），以及手机铃声是否已关闭。这三条信息都显示在联系人的列表中。选择列表中的某个人后，用户可以通过再按一次按键来发送文本或呼叫所选联系人。好友的位置在其列表项上显示为文本标签。例如家和工作地点，用户可以用他想要的任何标签命名任何位置。如果位置不够精确或需要调整，用户也可以重新设置。这意味着用户可以轻松地描述其位置，并将其与自己的当前状态结合起来

在许多方面，Connecto 与行踪钟类似，只是显示在手机上而不是时钟上。从技术上讲，Connecto 和行踪钟异曲同工，它使用路线跟踪技术来确定个人位置，然后将其传递给一个社交群体。实际上，Connecto 与 Twitter 或 Facebook 的状态信息类似，因为它支持可进行状态更新的微博。

与行踪钟一样，我们的兴趣不在于如何使用这项技术，而在于这项技术能揭示什么样的友谊和社会关系。特别是，这个系统揭示了友谊是一种"有状态"的活动，在这种活动中，作为朋友的责任之一就是知道你的朋友在做什么。其次，这项技术揭示了我们是如何利用技术手段来开玩笑和沟通的，这种方式利用了我们与他人关系中的幽默感。总的来说，这似乎并不奇怪，但我们的采访揭露了"私人谈话"是如何自我定义的。远离我们的彬彬有礼有点像"更衣室谈话"——一群朋友之间对平时被认为是不恰当的话题开玩笑，这种倾向会延续到新的技术形式中。

无论是通过网络还是面对面方式，所有这些活动都是社交团体享受他人陪伴的一部分。这里重要的是幽默：开玩笑、胡

闹和类似的举动是通过交往所能带来的快乐的核心。在友谊中，笑有许多目的，并非所有的目的都与快乐有关，但它也可能是我们享受他人快乐的原因之一。它给了我们一个空间，让我们可以在一定距离外处理生活中的问题。或者，更粗略地说，它是一个可以与其他人竞争的地方，很多人陶醉于那些在其他场合被禁止的东西，让我们能够从日常生活中暂时摆脱出来。

下面是实验的具体情况：我们把 Connecto 给了两个紧密联系的群体，他们生活、工作和学习在格拉斯哥的大城市里，有些人从郊区通勤。其中一组由 6 名二十岁出头的年轻专业人士和研究生组成，其中 4 人来自一个活动俱乐部，另外两人是参与者的伙伴（这些伙伴与该组的其他成员非常熟悉）。相比之下，第二组是由 5 名三十岁出头的亲密同事组成，他们在一家大型科技公司工作之外也进行社交活动。他们受雇于两个不同的团队，有着不同的角色，但在同一栋楼工作。因此，在考虑技术差异之前，我们已经将系统提供给了不同的社会群体。

和行踪钟一样，Connecto 的协调系统也有一些用途。对于一个在手机上运行的应用程序来说，参与者最初使用 Connecto 是通过对其查看来协调他们组内的通话。例如，一些参与者在注意到被呼叫人的个人资料处于静默状态时就特意不给朋友打电话。一位参与者描述了这样的情况："我想打电话给科林，确保他知道我们开会了。我不想他在家的时候给他打电话，所以等到他在上班的路上才打。"其他时候他们会切换到另一种媒介，例如发送短信，或者干脆推迟拨打电话。此外，与行踪钟一样，共享信息对于参与者协调日常活动和进行互动也很有用。参与者不仅发现知道他们的朋友在哪里是很有用的，而且根据这些信息，他们还常常可以推断出其他人在做什么。例如，一位参与者解释说仅仅是看到他的朋友在射击俱乐部，他就知道他正在为即将到来的周末旅行做准备。因此，他不必打电话再做多此一举的提醒。

　　然而，Connecto 最有价值的用途并不仅仅是协调活动。除此之外还能让朋友之间"讲故事"。其中一个例子是一名男性参与者将自己的位置设置为"巷子"和"喝酒"，巷子是一条小街，靠近一所大学，有酒吧、餐馆和商店。他把他的资料进行个人化处理，表示欢迎他的朋友来。事实上，另一位参与者报告说，他在看到这一位置后不久也加入了他的行列。其他组合相互依赖程度较低，如"工作"、"无聊的会议"或"家"（地点）和"生病"（个人资料）。当被问到为什么要设置这样的标签时，一位女性参与者说："这就像讲故事一样。"位置名称有时讲得不够"故事化"，有时故事会被技术上的问题"打断"。例如，一位参与者报告说，他在某天晚上的大部分时间里注意到另一位参与者的资料在"酒吧"和"经济学讲座"之间来回转移。他知道酒吧离其中一个演讲厅很近，因此，他能理解这只是手机"蒙了"。另一位与同事一起开车上班的参与者报告说，他将地点设置为"坐约翰的车上班"，后来才意识到，下班路上手机会显示相同的标签。他在采访中说他觉得很好玩，虽然没有人对此发表评论，但他并没有故意改变，因为他的朋友们知道他下午会下班。

这些例子说明，这些故事不一定是独立的，而且通常需要在社会背景下进行解释，主要是由朋友自己来理解。如果朋友不知道酒吧离演讲厅很近，他可能会认为参与者莫名其妙地在参加晚上 11 点的演讲。同样，另一个参与者的朋友会认为他工作到很晚。因为 Connecto 是为亲密朋友设计的，所以他们似乎对状态的"正确性"很不在意。事实上，他们很快就习惯使用 Connecto 来表达各种情况、情绪和体验。

参与者急于表达他们是"堵车"而不是"开车"。这再次表明，他们需要讲故事，而不是提供事实。他们经常回复对方的位置标签，有时试图让自己的标签更极端，有时则回复短信评论。当被问及为什么他们喜欢回复对方的"极端"位置或个人资料标签时，另一位参与者解释说："我想一旦一个人开始这样做，其他所有人都会效仿，将个人资料从'正常'改为'异常'。"我们反复观察后发现，参与者不仅需要通过 Connecto 表达位置信息，或是更详细地描述一种情况，还需要表达意见或引起注意。例如，一名参与者将手机带到阿姆斯特丹，在红灯区附近走动时，将自己的个人资料设置为"上班"。当被问到他为什么这么做时，他解释说他想看看会得到什么样的回应。果然，他的朋友把手机展示给同学们看。他设置的位置标签是为他的朋友设计的，他们知道他在哪里，知道阿姆斯特丹对他来说意味着什么。

我们目睹了许多不同的表达方式，其中大多数基于有意义的经历。一天下午，一名参与者将自己的位置设置到当地的足球场，他的球队正在那里进行比赛。他在采访中告诉我们，他本来打算去现场的，但下班太晚了，因此在电视上看了比赛。既然他曾告诉其他人他要去，他仍然希望他们认为他在现场观看比赛，因此把自己的位置设定为"体育场"。当他的球队输了比赛后，他把位置设定为"在垃圾堆里"。他的朋友随后发短信说："好吧，我早就猜到你在那儿。"

朋友之间互相关注，并且有关于彼此生活的持续的对话和了解。因此，Connecto 被用来在小组中"讲故事"，并表达与彼此的普遍看法相关的观点和感觉。Connecto 在这个角色中参与了朋友之间正在进行的对话，用萨克斯的话来说，"朋友们表达出'我的心和你在一起'——他们关注彼此的生活和活动"。在这里，相互监督是维持参与者和"关系状态"的一种方式。参与者不仅会在谈话中利用其他参与者过去的位置，他们还可能看到彼此的位置，否则可能会与团队"失去联系"。正如我们会记得向谁讲了什么故事，Connecto 会帮助我们知道谁什么时候在哪里，而错误会导致尴尬。这是一种团体成员相互了解的，社会团体日常活动的背景知识。

与行踪钟所支持的"私人地理学"不同，"私人故事"通过关于"彼此知道什么"、"谁想知道什么"的解决方案，成为一种联系社会群体的方式。这尤其会以"笑话"的形式出现——一个笑话的形成，需要对小组成员过去的经历有所了解，并了解这些经历是如何被小组成员看到并被开玩笑的。

相对于家庭，建立一个朋友群也出于相似的需要，在这里是通过关注彼此的活动和历史而实现的。也就是说，一群人之所以是朋友，不仅因为他们之间的关系和感情，也因为他们拥有的知识和对彼此之间所发生之事的关注。友谊是以相对有形的方式表现出来的。

一个友谊团体因此就拥有了他们对过去事件的共同知识，但重要的是，这不仅仅是客观地保留了事实，而且是以故事的形式，特别是幽默故事的形式看待和谈论这些事件的一种共同团体。了解这个故事是朋友群成员应当具备的重要部分。

享受友谊——围绕着消息所发生的笑声，有助于保持对群体共同知识的了解，并显示群体之间的团结。对这种笑声的享受来自对这个群体的认可，正如来自任何特定评论的幽默感一样。

唐纳德·罗伊（Donald Roy）的经典文章《香蕉时间：工作满意度和非正式互动》（*Banana Time：Job Satisfaction and Informal Interaction*）是对一群工人所使用的技术的优秀观察描述，他们通过这些技术来管理一份可能会毁掉灵魂的单调工作。在白天的不同时间里，安装线上的工人伙伴们会生产一个梨、一根香蕉或一瓶可口可乐。伴随着这些事件的恶作剧将有助于工人们度过一整天，否则这一天都将花在单调重复的工作上。罗伊展示了这些工人的性格，并探究了他们是如何开始专注于恶作剧的：

> 因此，社会交往的贫乏伴随着最初的沮丧，我现在承认这是源于缺少观察。互动就在那里，在恒定地流动。它引起了人们的注意，并让漫长的一天能够快点度过。12 个小时伴随时钟的"慢性自杀"变得比较容易忍受，就像在机器店里玩 8 个小时的计件游戏一样。"无聊之兽"被温柔地变作一只无害的小猫。

家人和朋友的快乐

行踪钟和 Connecto 的主要贡献是支持群体中社会纽带的形成和维持。在行踪钟中，它显示了社会群体之间的关心；在 Connecto 中，它分享了对话和幽默。它们都揭示了建立和维持这两种社会群体形式的一些工作。但也很明显，这项"工作"从根本上说是令人愉快的。照顾自己的家庭成员，以及维持自己在社会群体中的地位都会有压力，但这些活动通常也伴随着笑声，而且具有丰富的情感特征。

维持和谐的家庭和朋友关系，随着时间的推移会对个人产生回报。这是一种属于某一特定类型家庭或社会群体的状态。这是一件不必做任何具体工作就可以让人感到快乐的事情，是一种喜欢别人和被人喜欢的快乐。这种状态也提供了一些活动的机会，这些活动本身就是令人愉快的，只需与他人共度时光。

社会的性质一直是一个永恒的主题。正如赞格尔（Zingerle）指出的，齐美尔记录了社交能力的重要性，尽管在我们看来，从那时起它就不再是社会科学的一个重要话题。齐美尔认为，社交能力，即与他人互动时的愉悦感，其重要特征是关注点停留在互动中。齐美尔捕捉到了社交能力的一些轻松感，但他过早地在社交能力与相互参与的生活之间设置了一堵墙。

关于既轻松又愉快的社会纽带是如何建立的。享受不仅是这些实践的结果，也是所创造出的长期社会纽带的结果。关心他人以及了解你所关心的人在社会群体中经历的各种事情，本身就是令人愉快的。然而，它们也提供了一种更持久的满足感——知道自己是在一个稳定的社会群体中，有那些我们可以依赖的人，或者只是在分享笑话和可靠谈话中获得乐趣。社交的乐趣则体现在这些不同社会群体中发生的交流形式上。

使用这些通信技术的另一个结果是关于他们对如何设计位

置敏感技术的贡献而言的。不过我们认为，这些技术应当被视为支持与位置有关的人类社会交流实践的方式。价值观应是我们关注的焦点，而非技术的任何具体表现。因此，快乐既是我们社会关系的设定，也是我们社会关系的存在。

第六章

移动与流浪体验

在移动中出现的享受

移动（Mobility）是人类最基本的活动之一。运动——通过我们自己的自然运动和技术辅助手段，在享受中起着中心作用。这是我们最为珍惜的活动之一。婴儿微笑着迈出第一步，孩子们热情地学习骑单车，年轻人获得驾照后感到兴奋。在一个到处都有移动性的社会里，我们在各种运动和旅行中获得快乐。有许多不同种类的运动项目，运动员用跑步、跳跃或投掷来比赛，以此来庆祝身体运动的乐趣。这些移动能力的展示为参赛者和观众所欣赏。人群聚集在道路、酒吧和竞技场周围，在电视前观看其他人自如地移动，寻找速度最快、技术最熟练的人。

度假旅行以另一种方式在我们最珍视的一些经历中发挥了作用。确实，"在路上"的旅程早已有了陌生人或者在陌生土地上自由自在的浪漫。即使在最寒酸的通勤中也能让我们从日常的烦恼中得到片刻喘息。

所以，我们将讨论在移动中出现的享受的本质，以在移动研究中恢复一种愉悦感。通过关注移动的享受，我们感兴趣的是移动性是如何支持一系列的快乐的，这些快乐与我们关于普通快乐的观点相联系。这就是说，要超越令人惊叹的快乐，就必须关注日常生活中移动的享受。身体的运动，例如当通勤者开车从工作岗位回来时或者当路人在人行道上漫步时，都能提供珍贵的感觉，因为步行提供了日常生活中的各种体验。我们可以到达从未去过的地方，也可以在路上享受陌生人的无声陪伴。

这些旅程的技术标签经常被不同形式的移动技术导航和支持。例如，手机允许我们在车上或步行时打电话。各种形式的导航系统有助于我们找到最直接的路线，哪怕仅仅是为了应付人们对迷路的恐惧。当我们从办公室和有线网络中解脱出来时，不同种类的移动网络支持了我们的连接性。

然而，我们的主要关注点并不完全是移动技术，也包括我们享受移动的方式，以及技术是如何支持移动的。我们最初的兴趣在于身体活动的本质，运动是如何与享受交织在一起的。在这些讨论中的象征性有点晦涩，但它启发了许多关于移动性的社会科学作品。法国诗人查尔斯·波德莱尔（Charles Baude-laire）关于流浪者（flaneur）的概念，给我们提供了一个关于巴

黎生活中享受与痛苦交织的情景。波德莱尔的著名诗篇《人群》
(*The Crowd*) 中，把移动的体验比作洗澡，甚至是醉酒：

> 孤独而沉思的漫游者，从普遍的一致中汲取独特
> 的迷醉。他极容易置身于人群当中，尽尝狂热的享乐。
> 这些狂热的享乐，是那些像箱子一样紧闭着的利己者，
> 和像软虫一样蜷曲着的懒惰者永远也得不到的。他适
> 合任何职业、任何环境给他造成的一切苦难与快乐。

描述波德莱尔在巴黎漫步经历的许多诗歌文本中，快乐和
享受是核心。在一个段落中，他总结了步行者和享受之间的关
系，以及它的含义：

> 人群是他的元素，正如空气是鸟的元素，水是鱼
> 的元素。他的热情和职业是与群众融为一体。对于完
> 美的流浪者，以及热情的旁观者来说，在人群的心中，
> 在运动的起伏中，在逃亡者和无限的人流中，建立一
> 座房子是一种巨大的快乐。离开家，却又处处感到自
> 己在家里；看到世界，处在世界的中心，却又不被世
> 界所裹藏，这是那些独立、热情、公正的天性中最细
> 微的乐趣，舌头只能笨拙地定义它们。

　　流浪者是一位欣赏街头生活的绅士。他最基本的特点是在没有预定目的地的情况下四处闲逛。一般来说，在巴黎漫步的经历包括与陌生人在街头偶遇和互动。与其他人的会晤将是短暂的，而且不需要承诺。他并没有被发生的一切细节所淹没，而是乐于获得灵感和惊叹，然后补充自己对观察到的事物的理解。在幻想别人做什么和发生什么的过程中，流浪成了一种令人愉快的方式。在上述的段落中，享受显然是这种社会实践的一个重要方面，并明确提到了幸福和美丽。

　　接下来，我们利用这一概念来分析三种不同形式的移动——旅游、摩托车骑行和汽车驾驶。在每一个概念中，我们都能洞察到移动带来的矛盾乐趣。虽然流浪的概念在很多方面是一个很讨巧的主题，但它提供了一种用途，就是突出了旅行的基本社会性质，即使是在最初看上去可能显得相对不合群的活动（如高速摩托车骑行）中。此外，这一概念本身就让我们思索，社会科学研究为何如此迅速地抛弃了生活和技术中的享受。

流浪者的概念

　　我们先来讨论流浪者的概念如何成为社会科学的中心议题。

移动的经验实际上是波德莱尔诗歌的核心。目前还没有实证研究表明一个流浪者会做什么，以及这种活动在现代的移动中可能发挥的作用。这一概念已成为一个投机观念的容器，与赋予它最初价值的许多洞见相脱节。

我们的城市景观与波德莱尔的时代相比已经发生了很大变化，要出去寻找当代的流浪者并不容易。在社会科学中，当谈到运动、移动或以不同形式行走时，流浪者的概念一直是人们最喜欢的出发点。然而，这通常只是被批判的借口。瓦尔特·本雅明（Walter Benjamin）的研究是讨论流浪者的原始资料之一，他把流浪者描述为工业革命的产物——一个吞没了周围街道和其他人行为的半成品。正如齐格蒙特·鲍曼（Zygmunt Bauman）所说，流浪者是指"无目标地漫游，偶尔停下来环顾四周"的人。因此，流浪被严格定义为步行活动。不幸的是，在街上再也找不到他们了。街道不再是"只需要被观看和幻想"的地方，马路已经成为一种工具，可以让人们尽可能快地从一个地方到达另一个地方，并且尽可能少地分散人们对周围环境的注意力。而大量的汽车已经把猎场从不得不搬进购物中心、主题公园等地的流浪者手中夺走，他们最终变成了消费者。泰斯特（Tester）认为，流浪被汽车以一种非常具体的方式所挑战。

车辆对流浪者的威胁如此之大，以至于他们都灭绝了。流浪者的概念因此被批评为是虚构的，而非普通的街头经验，或者被批判为由于社会变化而显得过时了。基于此，被动观察者、变态者或偷窥者的概念被以最直接的方式处理了，快乐和享受的重要性被淡化了。事实上，流浪者主要是一个文学人物，即在文学上很有名气，而不是一个实际研究领域的概念或实践。希尔兹（Shields）认为，流浪者实际上从一开始就是一个城市神话，实际上还不清楚是否真的有绅士在巴黎游荡，除了经历偶然的邂逅之外没有别的目的。

自19世纪中叶以来，我们在城市的生活方式发生了很大变化。尽管这种享受形式的起源和分布存在不确定性，但一些社会理论家认为，这种享受形式在当代的消失是被殃及的，而并非一开始就不存在。费瑟斯通（Featherstone）同意这一观点并补充说，流浪的一些特征已经成为其他社会生活形式的重要方面。这种社会实践最显著的特点就是移动以及提供连续不断的新经验流。如果说流浪最重要的特点是关注不断变化的主题，那么费瑟斯通认为，在火车和公交车上的乘客中、在电视观众中、在互联网浏览器中、在购物中心的人群中都可以发现流浪现象。

然而，说这些活动和19世纪流浪者的活动之间有很大相似性是有些牵强的。毕竟，流浪者是一个被动的观察者，他们都是从远处观察这些活动，而许多现代社会活动要求更高。例如，消费者参与物品的消费，对购买做出艰难的决定；上网者不断与媒体互动，电视观众与家庭成员讨论节目。根据费瑟斯通的说法，流浪从来不是一种完全被动的体验。流浪者"在参与与分离、情感沉浸与解脱，以及仔细记录和分析街道印象的'随机收获'时刻之间的摇摆中发展出了他的审美感受"。他到街上获取印象，然后表达出来。他既是懒汉又是侦探。费瑟斯通认为他的行为对其他人来说是可见的："我们可以假设其他人发现了他。"也有人认为流浪是一种独特的男性体验。19世纪的女性，从来没有被允许在不被人认识的情况下观察别人的快乐。女人总是人们关注的对象。然而费瑟斯通认为，流浪体验的一些特征（例如，偷窥癖）是所有性别都参与的活动——例如购物——的特征。

对于我们的目标来说，一个更严重的疏忽是对于作为流浪体验的一部分的享受的忽视。瓦尔特·本雅明是对这一形象的现代诠释者之一。瓦尔特·本雅明在其著名的对查尔斯·波德莱尔作品的评论中，认识到了享受之于流浪的重要性，尤其是观察街头生活的乐趣。他指出波德莱尔用醉酒的概念来描述流浪者的经历，并对他的大量吸毒经验进行了评论。本雅明强调这种移动体验是人为的，并不比吸毒者的兴奋体验更可取。尽管本雅明并不质疑这种体验的存在，但他对参与这些体验本身，以及波德莱尔与这种享受所依赖的社会条件的天真关系持批评态度。本雅明认为，城市生活和现代资本主义使每个人都成为孤立的个体。流浪者和其他城市居民已经失去了他们的社会财产和身份感。本雅明借鉴了马克思的观点，认为在这个意义上个人与一种自给自足的商品非常相似。流浪者的体验源于成为某种形式的市场上的一个商品：流浪者彻底投降的陶醉是商品的陶醉，商品周遭围绕着涌动的顾客。

总而言之，本雅明并没有给我们提供流浪体验的细节，而是提供了一套关于是什么产生了体验本身的规则。他将描写城市生活的其他作家与自己并列，并质疑波德莱尔的经验立场。他提出了另一种可能，即流浪者停止他的享受，而由作家把他的声音借给了他所观察的人，就像维克多·雨果（Victor Hugo）那样。雨果把自己作为一个公民与其他公民放在一起，分享他人的欢乐和悲伤。波德莱尔把流浪者看作英雄，他们在大众的专业和勤奋中找到了避难所。波德莱尔的一个优点是他可以将社会经验与身体活动结合起来。在这里，一种对流浪者快乐的思考消失了。这就像是在研究经验的条件，使社会科学家对漫步本身的乐趣感到茫然。

因此，尽管在这些关于流浪的讨论中有很多建议，但我们仍然要进行一番简单的梳理。第一，尽管波德莱尔明确地表达了流浪者的快乐，但人们低估了享受的激励因素。对费瑟斯通来说，流浪者更像是沉思和无所事事的结合。第二，虽然流浪者的概念使我们认识到身体移动和特定体验之间的联系，但它并没有提供给我们正在寻找的关于享受移动的详细分析。流浪者变成了一个古怪的物体，而不是可以用来进行科学研究的对象。简单说来，我们无法理解这些人实际上在做什么，以及这些经历如何与实际的社会互动联系起来。鲍曼、泰斯特等人正在思考甚至正在哀悼一个特定的社会实践的消失。

有一个对比，是布尔（Bull）对 iPod 用户的研究。布尔既研究了技术在流浪中的作用，使其更与时俱进，但他也寻求对移动的实证检验。他设法揭示了社会实践中的技术流动。布尔描述了这些人和流浪者之间的相似之处，将理论动机与经验数据进行了对比。事实上，漫步在城市中聆听音乐的现代人更倾向于音乐本身，而不是城市生活：

> 如果说真正的流浪者会回应并记录街头的现象，那么很明显，个人立体声使用者在可接受的词义上就不是流浪者了。正如所知，在他们唯我论的审美经验的再现中，街道经验的真实性往往被忽视……个人立体声使用者在控制他们的体验时，似乎否定了聚居空间和场所的差异。他们不像流浪者，不关心城市世界中的审美描绘，而是把焦点放在超越的唯我论上。

我们在这里的主题将是两个关于移动乐趣的实证研究。特别是我们将讨论旅游的享受，并将其与驾驶、运动和社交的乐趣进行对比。每一项研究都关注了临时组织如何成为享受的关键部分，这与流浪有许多相似的特点。然而，移动并不能简化为这些实践，特别是在驾驶和旅游方面的移动取决于一系列的组织实践，以便我们在正确的时间到达正确的地点，从而让我们的计划与其他人的计划相协调。

当我们开始关注在旅游和驾驶中的享受体验时，我们也将探索令人愉快的移动的计划性。也就是说，移动在多大程度上取决于早期的活动，比如目的地、路线、时间等。令人感到矛盾的是，很多享受源于缺乏计划，即一种对普通事件和突发事件的开放性。要想使游览城市或驱车在城市里闲逛不会变成一件琐事，保持平衡才是关键。

作为享受的旅游

现代流浪者的一个实例是游客。然而，游客与流浪者的不同之处在于，游客是故意要逃离当下生活的。在许多情况下，游客会参观他从未去过的地方。他从这些新的地方得到了乐趣。相比之下，流浪者对熟悉的城市环境不断变化感兴趣。但与此同时，这些活动在寻找新的有趣事物方面彼此相似，它们也都建立在享受的基础上。它们都涉及寻找与普通生活的不同之处，并以某种方式观察新事物。厄里（Urry）认为流浪者是旅游者的先驱，特别是后者经常沉迷于收集观察和经验。然而，厄里并没有描述任何一个观看特定标志的特定观光客，因为"观光客"直接就被置于显而易见的范畴内。

经常有人把旅游业描述为某种具有破坏性的寄生效应——称之为"旅游化"（touristification）。

做一个旅游者的核心问题是：人们必须知道下一步该做什么。旅游者必须决定如何度过一天或一周的剩余时间，以及他们应该如何计划假期才能让旅游具有意义。走向未知也意味着偶然的机会以及临时决定下一步怎么做。因此，即使游客可能有一些计划，他们与流浪者仍有许多相似之处：他们一边移动一边做决定。

游客在一个陌生的地方，首先要面对的一个问题是：接下来做什么？在工作中任务往往由总体目标或其他人的计划决定。与工作相比，旅游更具开放性和临时性。事实上，由于旅游可以成为商务旅行的一部分，因此工作和休闲之间的界限往往是模糊的。然而，无论如何，游客通常必须提前决定该做什么。这个决定必须考虑到达不同地点所需的时间，以及衡量不同地点的吸引力。当人们到达一个旅游景点时，这些问题会以不同的形式重新出现，例如，参观大型博物馆的各种计划。

除了该做什么的问题，游客还需要弄清楚他们将如何进行这些不同的活动。当一个人到达一个旅游景点时，他必须小心自己的行为，因为不同国家的行为规范可能不同。对当地风俗习惯的不了解是游客常被嘲笑的原因。即使是像购买商品这样直接的活动，在不同的国家也可以有迥异的组织方式。旅游通常因回家的需要而受到时间的限制。所以，时间也是一个问题，因为游客要与提供服务的组织合作：开放时间必须与火车或公共汽车等公共交通工具的时间相协调。"订票问题"更是雪上加霜。

许多设施需要预订，因此需要在到达之前做出决定。这两个问题反过来又与我们的第三个旅游问题相互作用：寻找景点的位置。在旅游时，许多景点分布在城市周围。因此，有必要尽量减少路上的时间，了解沿途可能看到的景象和要准备的事情，并将靠近的景点组合在一起。在这样计划的过程中，游客还必须乘坐公共交通工具，经常会遇到信息有限或不熟悉路况的问题。最后，假期的一个重要部分是与其他人分享假期。尽管游客对拍照或录像的迷恋经常受到批评，但它显示了游客不是孤立的个体，而是社会群体的一部分。游客以照片和故事的形式记录和表现自己的经历，并在回家后与他人分享，这是旅游的重要组成部分。最成功的旅游技术是相机，专门为"把旅行带回家"而设计。

这些"问题"并不是旅游的消极方面。旅游和发掘旅行目的地是旅行乐趣的一部分。它把看似平凡的活动变成了令人愉快甚至浪漫的事情。乘公共汽车和地铁出行可以有自己的乐趣，比如巴黎地铁里火车车轮的味道，或者东京地铁的电子音。尤其是在城市旅游中，在不同地方散步是其重要组成部分，"街道生活"是获得当地人自然生活的最简单方式之一。这些乐趣是旅行享受中异想天开但又至关重要的部分。因此，在解决这些问题时，游客不仅仅是在寻找一些最优的解决方案。相反，解决这些问题是体验享受的一部分。例如，找到一家不错的咖啡馆，甚至阅读地图本身就是一种乐趣。因此，旅游者的解决方案往往针对问题和解决问题的乐趣而进行微调。快乐动机不仅影响休闲活动包含的任务本身的选择，还影响休闲活动的组织和执行方式。游客们喜欢在一起做一些事情，比如以一种相对没有计划的方式想清楚该做什么和在哪里做。这种社交性和临时性的特征，把看似平凡的活动变得令人愉快。

　　旅游者解决问题的一种方法是与其他旅游者同行。旅游在很大程度上是一种社会活动。旅游者通常选择与其他人一起旅行。来自美国的统计数据显示，79%的休闲旅游涉及两人或两人以上的团体。

　　由于休闲旅游主要是以团体为基础的，所以游客们需要在团队内一起解决问题，以免产生摩擦。游客也可以与其他游客分享经历。在某种程度上，这些机会来自于降低了的社会接触障碍。个人"休假"使其远离他们的许多家庭承诺。旅游者使用的设施，如旅馆、火车和公共汽车也能提供社会接触。"口碑"分享让游客可以在网站上交流信息，也可以传递关于不同地点和设施的非正式信息。然而，这些会面和对话不仅仅是交流信息的平台。它们提供了一张与其他游客互动的"入场券"：一个借口和一个更普遍对话的基础。这些对话引发的社会接触可能比信息交流更有价值——它们是建立其他要素的社会纽带。

　　因此，游客们进行的社交活动中包含了在公共场所的随机和匿名遭遇，其方式与流浪者类似。但是，它们继续延伸，到了与陌生人愉快的扩展关系，一直延伸到与同行者的紧密互动，以应对下一步该做什么的挑战。旅游提供了一系列有趣的社交活动，"流浪者的刻板印象"只是其中之一，解决旅游者与家人和亲属之间的问题也能带来乐趣。旅游的享受可能源于不同社会关系之间的社会运动。

　　旅游者解决问题的另一种方式是利用公开发行的信息。最典型的两种旅游出版物是旅游指南和地图。当旅游者在不同的地方导航并了解如何在它们之间穿行时，这两种方法经常结合使用。指南有很多不同的形式，包括免费讲解以及米其林和贝第科路线指南。旅游指南对游客如此有用的一个原因是，它们以一种结构化和相对标准化的形式对游览地的相关情况进行了分类。他们列出了住宿、景点、推荐的酒吧和餐厅等。这种标准化可以通过减少游客的不确定性，让他们觉得陌生的地方相当安全。

　　另一个我们在观察中广泛使用的旅游出版物是地图。地图在认知心理学和文化研究等领域都是得到很好研究的人工制品，寻路的具体主题已被深入探讨。这些研究的一个发现是，地图使用者在涉及处理信息（例如一个地标与另一个地标之间的距离）的任务上明显优于没有地图的人，有时甚至优于对一个地方有多年知识的当地人。使用数据显示了地图的许多不同用途，这些用途不同于地图作为 A 点和 B 点之间规划路线的简单工具的概念。我们观察到游客会在他们不清楚自己要去哪里，但知道他们要去的特定区域的情况下使用地图。这通常是因为他们相信自己会在这个地区找到一些有趣的东西，尽管他们心里并没有特定的目标。这是典型的平衡行为，这种平衡行为允许随机的漫步体验，类似于一个流浪者的想法，并计划迎接特殊的挑战。这种享受来自组织形式的混合方式。

游客通常也只是粗略地知道自己在哪里，并会使用地图来定位，以便朝"大致正确"的方向前进，而不是沿着特定而明确的路线前进。当使用地图时，游客可能不知道他们在哪里，可能对自己的方位一无所知，可能不知道要去哪里，甚至可能不确定在找什么。因此，地图的使用目的通常不是明确的路线规划，而是以"大致正确"的方式漫游城市。游客经常在途中停车，用地图找到要走的方向，然后再出发。

地图使用的第二个特点是与旅游指南相结合。其中一个重要方面是游客如何将特征和地理结合起来，试图同时解决在哪里、有什么的问题。任何常客都知道，在一个陌生的城市里找到一家餐馆最有效的方法之一就是在一个中心区域闲逛。尽管这并不是寻找特定便利设施的完美方式，但四处走动会利用到某些设施（如酒吧和餐厅）在特定区域聚集的趋势。当你走过的时候也可以通过它们的门脸和菜单来判断。这种"聚集"在旅游者使用地图时被利用起来。在决定去哪里时，选择一个有多个潜在设施的区域通常比较保险。我们观察到游客朝着一个城市的"用餐区"走去，通常只考虑一家餐厅，但如果餐厅被证明很繁忙或不合适，他们可以灵活地去其他地方。通过结合地图和旅游指南，游客可以在特定区域寻找"聚集"的设施，并前往这些特定区域，而不是前往特定地点。这并不是说地图从来没有被用来计算如何到达特定的地方或景点，但据我们的观察，游客在这样做时遇到了一些问题。当你沿着地图上的一条路线在一个城市周围移动时需要相当多的解读，游客必须把地图与他们看到的街道和地标联系起来。

即使是那些采取度假套餐或有预先准备的旅行，换句话说，行程是由其他人预先决定的，仍然需要作出许多决定，什么时候旅行、去哪里、多长时间等，当然还有每日行程的许多个人细节。因此，旅游的享受很大程度上来自规划、他人提供的服务以及在环境和机会之间找到正确的组合。不同形式的旅游涉及对这一组合的不同决定，但它们都通过正确的组合来寻求享受，而不必过于繁重，也不需要度假者过多地组织。毕竟，假期不仅仅靠计划。

这样，我们讨论了流浪者的概念如何经常被用于解释不同的移动体验。旅游体验显然有一些方面符合个人在观察他人行为时获得的快乐，但这只捕捉到了部分快乐。我们也看到游客很珍视无计划的移动，他们愿意重新安排要去的地方，并且他们喜欢与其他人短暂地接触。然而，旅游也意味着游客对旅游的幻想印象，以及在一些没有计划、令人愉快的活动中的享受。

然而，流浪未能捕捉到游客积极解决问题的方式。他们在旅行前和旅行中都会决定下一步的计划。旅游享受在平衡旅游活动的计划性的基础上产生。与他人相处的乐趣也取决于计划活动和临时活动之间的平衡。与随行的家人和朋友的互动利用了地图等技术，这些技术允许并支持共享使用。

流浪与驾驶的快乐

接下来，我们将讨论第二种类型的移动享受，包括那些在速度和移动本身的感觉中获得享受的快乐，例如驾驶。另外，我们将借鉴流浪的概念，因为虽然我们不会坐车随意闲逛，但这一概念使我们意识到行驶过一个地方可以获得的快乐与走过这些地方的快乐有所差别，而且最重要的是移动本身的愉悦体验不同。

虽然旅游的技术是简陋的地图和指南，但要在路上开车我们就需要某种交通工具。事实上，在汽车出现不久之后，它就发现自己适用于享受的习惯。自行车和汽车很快就被应用到各种比赛中。与此同时，政府对汽车在公路上的适当使用进行了管制，从而控制了驾驶的乐趣。这就产生了"非法的交通形式"，即超速行驶，为非法使用道路提供了动机。即使我们把自己限制在法定的限速范围内，我们也能在驾车过程中发现许多快乐，也许美国的"公路电影"是最好的例子。要观察公路上不同形式的日常享受，我们应该从考虑社会互动在交通中的作用开始。

相遇是驾驶的必要组成部分。人们在相反的车道上相互经过或朝同一方向行驶时经常会相遇。汽车司机和以各种其他方式移动的人也经常会彼此相遇。上班通勤可能会让成千上万的司机从另一条路经过，还有一些人坐在路边建筑物的窗户旁。从这个意义上讲，我们谈论的是一种集体社会化的形式。事实上，通常发生在道路上人们之间的互动，是吉登斯（Giddens）定义的社会互动作为对周围人行为和反应的方式。与办公室会议或家庭聚餐中的面对面交流相比，这是一种比较狭隘的社交方式。在交通中，很少有超过几秒钟的时间用于交流，而交流的手段仅限于手势和使用车辆笨拙的运动作为一种肢体语言。它们基于或受车辆速度和驾驶员封闭位置的限制。然而，虽然范围很狭窄，但仍然存在着复杂的社会互动。

交通相遇是由于共用一段道路而发生的。司机们闪动灯光相互交流，并用头或手臂做动作，以便协商如何安全有效地共享这些资源。更重要的是，驾驶员通过示范性地将自己定位在道路空间中或决定车速来进行交流，这两种方式对其他驾驶员都具有意义。交互是一种汽车车身语言，是关于如何建立驾驶员的意图、正式的规则及其在特定情况下的适用性之间的协调。在交通中与其他驾驶员及其车辆的互动还包括体验品质。因此，驾驶过程中的主要互动限制带来了体验性的负面影响。与被困在车辆外壳中的参与者的短暂接触，体现了相遇过程中的社交互动。这种超然性有时会使互动变得单调。雷德肖（Redshaw）采访了一些司机，因为移动的重复性和强迫性，他们将自己的通勤描述为无聊且经常令人沮丧的。有受访者表示，如果他们需要在某个特定的时间去某个地方，在交通拥挤的情况下沿着长长的主干道行驶是特别乏味的。孤独的卡车司机就是一个明显的例子，他并不总是喜欢这种特殊的社会环境带来的孤立感。埃斯比约尔松（Esbjörnsson）和威伦曼（Weilenmann）记录了一个无聊的推销员在路上和一个店主之间的对话，他们都把开车看作是一种"强迫"的行为，并且认为通过聊天可以让他们更愉快。开车时使用手机可能是道路交通在一定程度上处于社交贫乏状态的另一个迹象。他们利用机会与家人和亲戚交流，而不是与周围的人交往。

许多司机描述他们在高速公路上的体验是令人满意的。有些人喜欢开车时感受到的孤独。例如，劳瑞尔（Laurier）报告了通勤者如何在家与工作之间的空间中找到乐趣，在那里他们可以从两种担忧中获得一些喘息的机会。此外，对许多家庭来说，在车上进行的对话在儿童教育中起着重要作用。

同样，流浪者的概念让我们对驾驶的享受以及激励驾驶员上路的部分原因有了一定的了解。在许多情况下，个人对交通遭遇的理解与吸引 19 世纪的行人在巴黎大道上随意漫步的特质相同。看到其他车辆和司机在交通拥堵中、在红绿灯处和道路上的景象，为白日梦提供了同等机会。沿着高速公路开车会产生一种虚幻的效果，或者说是对注意力的分散，这种效果由眼前当时的部分释放组成。它分散了人们对沿途社会活动的理解和参与，也分散了人们对所遇到的人的理解和参与：

> 它脱离了现实的首要取向——此时此地的面对面接触。在一个被分割成封闭的、微型世界的生活中，与他人的相遇被钢铁、混凝土和灰泥墙阻止。

虽然司机之间的距离很近，但他们很少发生面对面的接触，交通中的实际制约因素使得社会交往受到很大的限制。莫尔斯（Morse）将此称为"移动私有化"（mobile privatization）——司机通过将私人世界与对外界环境的意识结合起来以分散自己的注意力。这种与外部环境的关系是《路上的风景》（*The View from the Road*）一书的中心思想，在这本书中，阿普尔亚德（Appleyard）、林奇（Lynch）和迈尔（Myer）着重于建筑和城市规划对驾驶员的作用。尽管阿普尔亚德等人没有调查司机是如何感受到他人的陪伴的，但他们认为交通本身是影响我们情绪的最重要因素，"最令人印象深刻的是伴随交通的移动，他被迫聚精会神，甚至乘客也会下意识地关注它"。

司机对他们遇到的其他司机和车辆会感兴趣。这一经验的特点与 19 世纪流浪者所追求的品质相同。布尔（Bull）的一位受访者这样说：

> 当我堵车或在红绿灯前等待时，尤其是在城里，为了缓解无聊，我很喜欢看周围发生的事情。我看着别人的车，看着人们在街上走。我想看看他们在做什么，去哪里。因为我经常在车里，我确实需要一些东西来消除无聊。

这个司机和流浪者有着同样的乐趣。他对附近社会交往的视觉表现感兴趣。同时，正如我们已经注意到的，那些讨论流浪者的社会学家（包括布尔、鲍曼和泰斯特在内）认为驾驶是对这种经验的潜在威胁，开车对街上的社会生活是有害的。那么有没有可能在驾驶体验中看到流浪者式的浪漫呢？

我们再一次转向民俗学领域的研究，以了解驾驶的体验品质。并从流浪的概念中更好地理解道路使用的愉快社会实践。

因此，我们把焦点放在摩托车驾驶员上。这些道路使用者的经验、驾驶习惯和道路上的其他活动构成了他们在社区中的身份和成员资格。骑手之间的社会交往可能比汽车司机之间的交往更为复杂。摩托车骑行者会花很多时间在路上，部分原因是因为体验本身。骑行体验，包括发动机的声音和振动以及暴露在强风天气中的强烈触觉体验，是一个高度的激励因素。我们将讨论一种叫作 SoundPryer 的共享汽车音响，其目的是增加驾驶员之间的社交互动和享受。当人们开始尝试用它的时候，我们也可以看到驾驶的体验品质。

　　摩托车手经常向沿路遇到的其他人打招呼。但他们也会与路上的同伴进行其他形式的社交互动，包括在特定地点聚会、进行计划内的旅行或者一起在互联网论坛上浏览等。在所有这些形式的社会互动中，在广阔的道路网络中，与其他摩托车手短暂而随机的相遇是其体验的基础。两个骑行的人在高速公路上擦肩而过，看起来不像是什么社交活动。会面时间很短，充其量只是通过点头或挥手表示快速的致意。此外，他们的衣服和机器的设计往往是为了一眼就能把自己的形象传达给他们在路上遇到的人。尽管如此，我们认为考虑到对驾驶、高速和摩托车的强烈关注，摩托车手之间的交通遭遇的极端性质是一种备受珍视的互动形式的先决条件和限制因素。路上的简短会面有些激动人心，这就产生了一种想从这些会面中感受到收获的冲动。有时他们想延长这样的互动，有时他们想从每一次接触中得到更多。

　　骑行者相互交流的方式，比如一起进行旅行，在互联网上讨论驾驶技巧……可以理解为试图获得更多的交通相遇，并克服社交互动中的一些经验限制。有组织地进行摩托车骑行以延长他们的会面时间，通过团体骑行和在某些位置绕圈以便最大限度地与其他摩托车骑行者相遇。此外，在网上留言也为与其他骑手的聚会提供了一种新的方式。然而，与路上相遇的体验相比，这些社交互动的替代形式都是妥协。与一小群熟人的连续会面是可以预见的，只在固定地点会面会损害驾驶体验，因为人们需要偏离常用路线而带来的新鲜感。

驾驶体验是摩托车运动的核心。骑手花时间在路上体验加速和转弯离心力的感觉。因此，骑手聚集在远离市区的蜿蜒道路上，只是为了享受驾驶本身的乐趣。在蜿蜒的道路上，控制车身和高速转弯当然要困难得多。这些道路通常特别受欢迎。人们通过口耳相传、在摩托车网站上发帖或在摩托车俱乐部展示的特别路线图上标出"令人愉快"的道路位置。

许多摩托车手把自己视为社会之外的人，驾驶给他们传递了一种自由和个性的感觉。这也为他们提供了许多表达身份的机会。摩托车本身的设计提供了令人印象深刻的性能和具有魅力的外观，超越了运输车辆的运输需求。骑手也在他们的驾驶表现中表达了自我。此外，他们还花费大量资源来改装摩托车使之脱颖而出。在实地调查中，一位摩托车手在一次活动中这样表达：

> 如果有什么不寻常的事情，那就相当有趣了。它

不需要是一辆特别的摩托车。如果他们做了一些修改，那就太棒了……关于这辆（指着自己的摩托车），人们总是在讨论高性能排气管和如何增加发动机功率。

无论是在聚会中还是在网上的图片库里，改装摩托车都会受到关注和评论。表达"正确"态度的重要性也影响了个人设备的选择。这不仅可以防止受伤，还可以提供一个可接受的外观，或显示一个人属于某个群体。

在网站上，骑行者通常张贴照片或视频剪辑以展示他们的摩托车或显露技能。他们在签名中使用缩略图，并乐于对彼此的表现给予认可，就像他们在路上做的那样。当然，在留言板上进行长时间互动的可能性比在路上短暂相遇时更大，因为旁观者可以深入了解细节。缩略图也有助于在留言板的各个成员和以前遇到的骑手之间建立联系。这调和了网络世界和真实世界。

公路相遇是整个摩托车运动的一个常见特征。然而，在一些道路上它们发生的频率更高。在周末，大量的骑行者沿着这些弯弯曲曲的路线骑行，发生了无数的相遇。骑行时相互直接交流的可能性很小。然而，大多数骑手在遇到其他骑手时都会进行一些较弱形式的互动，这超出了交通协调的必要范围。骑手可以互相打招呼，并用挥手或闪灯来进行互动。一个骑手说他几乎向路上遇到的每一个骑手打招呼。在我们详细研究的91个留言板摘录中，有23个是关于路上相遇的。

而且，骑手已经发展出许多方法来增加愉快的社交互动的可能性。

在一个众所周知的特定地点开车，是一种增加社交互动可能性的方法。当他们绕着一个狭小的区域骑行时总会不断相遇。例如，在夏季的斯德哥尔摩的郊外，每周都有一次摩托车爱好者们称之为"黄色咖啡馆"的聚会。一般在星期三，大约有300到400名摩托车爱好者来到这里，进行炫耀和社交。

增加互动的第二种方式是共同骑行。摩托车手会定期组织旅行，例如与熟悉的同行探索未经探索的道路等。他们互相教对方如何在某一段路线上机动前行，或者只是一起去欣赏风景。

总之，我们始终认为，与陌生的摩托车手的短暂会面是摩托车骑行体验的一个基本部分。从这个意义上讲，它类似于波德莱尔的流浪特征。在19世纪的巴黎，无论是摩托车手还是婴儿车都能享受到视觉上的享受和偶然的邂逅。然而，前者也与其他形式的社会互动联系在一起，这种互动提供了其他类型的享受，而且社会关系不那么模糊。与旅游者相似，我们看到了享受如何从规划路线上的相遇中浮现出来。

流浪的技术

从前面的例子可以清楚地看出，虽然短暂的邂逅对驾驶享受起着重要的作用，但这种互动的简洁性与轻量性使得人们很难从经验上把握它。然而，我们对一组摩托车骑手的关注揭示了驾驶的一些体验性取向。当然，尽管有很多人对驾驶的兴趣要小得多，但他们没有把自己定义为"司机"。我们该如何检验这种驾驶体验呢？

为了进一步调查驾驶体验以及社交互动在交通偶遇中的作用，我们探索了在驾驶者之间共享数字音乐的新方法。SoundPryer 作为一款软件，它利用了驾驶员喜欢听音乐的习惯。早期的音乐收听强调汽车是一个消费音乐的场所。根据一些调查，人们在汽车上 82% 的时间是在听音乐的。音乐收听可以很容易地与驾驶结合起来。选择不会打扰其他人的音量，司机可以随意跟唱。如果将"流浪"和"驾驶"这两种活动与交通相遇中的共享音乐收听相结合，可以提供一种新的愉悦体验形式吗？

SoundPryer 允许司机看到其他正在运行应用程序的司机。SoundPryer 可以中断一个人的音乐并自动调谐为其他司机正在收听的音乐，它实际上会通过在设备之间设置的小型本地无线网络将音乐从一辆车传送到另一辆车。当一个司机开车时，他可以收听其他司机的音乐，也可以看到正在听音乐的汽车的画面。虽然这是一个相当简单的应用程序，但我们觉得它可以帮助我们获得一些道路分享的经验。

大多数与 SoundPryer 联合收听的情况都很短暂，可能发生在广阔的道路网络沿线的任何地方。如果我们将软件分发给少数司机，研究将不会成功，因为少数不受约束的司机彼此相遇的可能性很低。因此，我们决定进行一次实地试验，受试者在有限的时间内使用 SoundPryer，并将用户的移动限制在一条特定的路线上。通过这种软件，我们可以在整个测试过程中跟踪每个用户，以观察他们的即时反应和活动。当司机们开始听到别人的音乐时，经常会四处张望。他们并不总能找到他们要找的东西，但在许多情况下他们找到了。以下的评论很具代表性：

> 我喜欢一首曲子，但我不认识这支乐队，但那是说唱。当我们进入最后一个转弯时，我发现它棒极了。我发现原来听一些说唱音乐很酷，真的很酷。

一些参与者还声称，他们喜欢尝试确定音乐的来源。例如：

> 一开始有点忐忑，但当你听到别人的音乐感觉很特别。能在显示屏上看到这辆车是什么样子很有趣，因为这样你就可以向外看，看看附近是否有人：是的，一定是那辆车！我敢百分百确定。

这再一次表明，人们感兴趣的不是音乐本身，而是音乐作为社会互动的一部分。在让其他司机听音乐时，这一点更加突出。当用户意识到自己正在向另一个用户播放音乐时，他描述了自己的感受：

> 这真是一种不由自主的反应。我并不是坐在那里
> 想：我希望我的音乐能很快被播放。相反，它就像是
> 一种声音被反复播放："是的！现在我们正在听我的
> 音乐！"

在他们使用 SoundPryer 的体验中，当用户可以看到"另一端"时，听到音乐或为他人提供音乐是最为享受的。四处寻找音乐的来源并试图定位它是很有趣的，这补偿了只听到片段的遗憾和糟糕的音频质量。

尽管 SoundPryer 主要是一个音频系统，但它仍然以视觉为导向。如果回顾一下我们对流浪的讨论，就可以看到一些相似之处。流浪者用视觉检查那些经过的事物，而我们用 SoundPryer 也可以通过开车时听到的音乐，在司机之间建立某种轻量级的连接。这可以与布尔的观点形成对比，布尔认为开车本质上是一项伴随性的事业，但他特别强调独处是人们渴望的。更确切地说，他认为，汽车实现了城市居民在出行时保持隐私感、制造移动气泡的愿望。此外，驾驶汽车是逃离街道的主要手段。他认为，所经之处的事物变得枯燥乏味，而听音乐"似乎把许多城市移动的不同细线连接在了一起"。

驾驶是一种社会实践，同行的司机和他们的车辆构成了一

个不断变化的场景，几乎给了现代司机流浪者无尽的灵感和乐趣。共同听音乐增加了他或她的经验，在某种意义上打破了"移动气泡"，使驾驶不那么超然，但不侵犯隐私。因此，如今的流浪发生在交通偶遇中，周围的车辆和其中的人都受到赞赏。使用 SoundPryer 的驾驶员倾向于与他人分享音乐品位。现代司机流浪者不介意与其他道路使用者分享音乐。尤其是女性，特别喜欢窥探其他车上播放的音乐。我们在这里看到了一些东西，但不对你的音乐品位负责，同时当你这样做的时候，实际上是在向周围的人讲述自己的故事。

恢复移动中的享受

我们想通过应用经验享受程序来恢复移动中的享受感。此前，我们更多的是记录那些活动的平凡性。正是在这种平凡中，我们才能找到快乐的组织和技巧。人们需要知道大致该怎么做才能有一个成功的假期，或者在什么时候跨上摩托车，人们会很快被那些网络论坛上的人或者那些对骑行有共同热情的朋友们识别出来。

对大多数人来说，移动是一个日常的问题或任务。在现代社会，人们有很多机会从一个地方移动到另一个地方。但我们也进行"事件"旅行。将驾驶和旅游等不同的社会实践结合起来，可以揭示出人们在旅途中感受到的平平无奇却无处不在的快乐。

移动，以旅游和道路使用的形式，不仅让我们四处移动，还使我们在途中和到达时遇到许多陌生人。与这些人的接触是享受移动的重要部分，亦如流浪最初的感觉是一种享受和身体移动。然而，流浪也有社会层面的部分，我们从观察其他陌生人和他们正在做的事情中得到乐趣，而不是致力于参与其他人的生活。这是旅游的重要组成部分，人们到新的城市去逛街，同时也享受交通的乐趣。

我们也展示了这些实践是如何与经典流浪者的随机性和偶然性相背离的。摩托车手需要计划和组织他们的相遇，以获得更多的快乐，而游客发现快乐在规划本身。因此，移动的享受来自一种平衡的行为，即我们在与未知的地方和人接触的同时有了计划和机会。旅游者的计划提供了回旋余地和不可预知性。计划是快乐的一部分，只要它们不会轻易被放弃或者因过于详细以至于排除了巧合与运气的可能性。对于摩托车手来说，规划问题的出现是因为他们需要处理好自己的大型"运动场"，他们的车辆提供的极端机动性是乐趣的重要部分，但也给他们带来了问题。他们所珍视的交通邂逅在迎面而来时变得非常短暂，而且由于道路网如此广阔，相遇变得非常不容易。他们渴望更多的社交活动，但计划过多的限制会降低驾驶的体验和乐趣。

我们再一次看到这里有平衡行动的需要。这些都表明，一部分移动的乐趣来自接触未知的人和遇到陌生人。另外，享受并不是完全随机产生的。享受与计划，同机会有着千丝万缕的联系。努力做一些既有效率又享受的事情是没有冲突的。相反，效率是享受的必要条件。

快乐是 19 世纪流浪者，以及当代司机和游客的强烈动力。社会学家在旅游的临时性和计划性的平衡中错过了享受，以致几乎抹去了流浪者的驾驶经验。因此，我们要将其复活。

第七章

媒　体

看电视的乐趣

从最早的唱片留声机开始，科技就在我们的媒体消费中起着至关重要的作用。对于时间使用的研究表明，在家庭环境中，人们把大部分时间都花在娱乐媒体，特别是电视上。虽然随着互联网的到来，电视收看量的下降已经成为一个事实，但在美国，个人平均每周观看电视的时间仍超过 18 小时。尽管在超过 60%的时间里看电视是次要活动，但人们花了一半的闲暇时间用于看电视，远远多于与朋友的交往时间。就享受而言，电视可以说是全世界使用的最重要的技术。甚至是穷人，他们的经济收益微乎其微，但他们首先购买的技术设备之一就是电视机，其次才是洗衣机或冰箱。

电视在文学作品中的一个主要焦点就是被看作某种社会邪恶，

一种现代的上瘾操纵者。在普特南（Putnam）著作《独自打保龄》（*Bowling Alone*）里有最清楚的表述，他谴责电视是社会资本和美国公民文化的毁灭者。然而，他对看电视或任何形式的媒体消费涉及的实际内容并不关心。这不仅是对媒体消费内容的理解，而且是对电视可能给使用者带来的享受的认真思考。

为了理解为什么要花这么多时间看电视，或者为什么它是第一批为家庭购买的技术设备之一，我们必须了解看电视涉及的内容以及围绕它的各种实践。电视的乐趣不仅来源于它使人们可以轻松进入一个不同的世界，还来源于一系列可以与他人分享的方式。这不仅是因为我们在电视前可能并不孤单，而且电视提供了一系列可以在与他人交谈时使用的谈话主题。关于电视的研究在很多方面都是有益的，特别是对于理解电视在技术方面的变化——从网络直播到 YouTube，再到铺天盖地的短视频。这种不断变化的媒体技术生态为我们提供了进一步研究电视的工具，特别是收集行为的作用。

尽管了解媒体消费对于理解它在享受技术方面所起的作用很重要，但消费只提供了一半的故事。我们从看电视中获得的乐趣与电视的制作方式紧密相连。同样，我们可以找到大量的文献来记录电视行业的运作方式，特定的节目是如何制作的，等等。然而，对于如何将实际节目组合在一起，特别是关于如何以特定方式编辑节目的决定，人们的关注却少之又少。这就使我们不禁要问，电视如何制作出如此令人愉快的节目？为了研究这些问题，我们从客厅转移到电视演播间，特别是直播体育节目的电视演播间。通过分析现场的视频编辑，揭示出他们是如何使体育节目直播变得令人愉快的。这里的关键是比赛的可理解性——通过各个摄像机将体育场变成一个电视节目，传达比赛中发生的细节等。除了可理解性之外，好的体育节目还依赖传达比赛的刺激性和节奏性，这涉及随着赛事的展开在各个摄像机之间的切换、将实时视频与预先录制的动作并列，以及显示观点、玩家的行为或他们情绪的反应。这种享受由制作团队的技术和技能产生，这种技术将现实主义与虚构相结合。

电视：沙发对面的盒子

电视自 20 世纪 20 年代被发明以来，一直是一项不断变化的技术。事实上，在电视被发明的最初几个月里，基本技术已经从约翰·罗杰·贝尔德（John Logie Baird）开创的电磁系统转变为贝尔实验室开发的更实用的电子系统。20 世纪 50 年代，人们在努力开发了一种与现有黑白系统兼容的电视标准之后，转向了彩色电视。事实上，从黑白到彩色的转变花了 20 多年的时间。直到 1972 年，才有超过一半的美国家庭拥有一台彩色电视。

从那时起，一系列不同的创新改变了电视的供应方式、控制方式以及用于观看的显示器和其他设备。从技术上讲，遥控器只是一个小小的改变，它提供了快速改变频道的能力，而不需要起身，这就发明了新的娱乐方式——频道冲浪。遥控器之后是录像机，允许观众在不同的时间观看电视节目，后来又有了基于硬盘的个人录像机，支持更灵活的无磁带电视节目录制。这些不同的技术变化影响了我们如何收看电视、控制电视、选择观看电视，以及如何收集电视节目。最新的变化表现为支持在手机或平板电脑上观看电视节目。

虽然电视和更广泛的视频消费没有逃离学术视野，但人们很少关注这种设备本身及其在家庭中的地位，而更侧重电视节目的内容、观众对这些节目的反应，以及电视对当代社会的影响。其中一个主题是看电视的危险，比如普特南将公民参与度的下降归咎于电视。事实上，电视被指责为一系列社会罪恶的幕后黑手，尤其是疏离感、暴力和童年的缺失。然而，并非所有关于看电视的报道都是负面的。西尔弗斯通（Silverstone）认为，电视通过其投射出的共识，在社会中创造了一种"本体论的信任"。也就是说，看电视的孩子们学习了许多观点、行为、反应和知识——现代世界的"事实真相"。因此，电视在一定程度上起到了约束和创造社会秩序的作用。

在文化研究中，也有很多人试图了解电视在观众生活中的作用。早期的文化研究集中在观众的理解和反应上，被称为"接受度研究"。莫利（Morley）的一项特别有影响力的报告考察了电视新闻是如何被观众所理解的。"使用和满足"框架进一步发展了这一观点，它描述了观众寻找满足他们需要的电视节目的过程，例如转移他们的注意力、取代对个人关系的需要或加强他们的价值观。后续的研究中，这种对电视消费的关注已经被对电视内容本身的关注所取代。换言之，与其说电视在那些看电视的人的生活世界里，不如说那些看电视的人已经落伍了，因为焦点已经转移到生产电视节目的行业以及电视内容本身所采取的不同主题和形式上。例如，特纳（Turner）在关于电视文化的讨论中发现了诸如国家与电视、民主与电视、表演等主题。但这些分析没有包含对电视的享受。

电视是显而易见的享受。大多数的电视研究对于这种享受是没有兴趣的，因为它被视为一种附属品，像一种使药物更易于下咽的糖。但对许多观众来说，这正是他们看电视的原因。一个有价值的例外是豪特莱特（Gauntlett）和希尔（Hill）对英国电视观众的长期研究，这项研究为更详细地了解电视实践以及人们对电视的态度和关系提供了许多见解。他们首先采取的行动是批评西尔弗斯通等作家提出的理论：既没有对电视，也没有对他们在世界上实际经历的日常生活进行有根据的分析。与西尔弗斯通基于关注群体的研究方法不同，豪特莱特和希尔的研究使用了一种由读者撰写日记的方法。在几年的时间中，

427 名受访者报告了他们观看电视的习惯和态度。豪特莱特和希尔发现，电视为参与者提供了极大的享受，观众积极地选择了他们观看的大部分内容，并对这些选择进行了大量的反思。当参与者报告了对于看"太多电视"感到内疚时，他们将这种内疚与浪漫小说的女性读者报告的"内疚快感"进行了比较。在某种程度上，这种内疚来自于社会中对工作而非休闲的价值观。

在豪特莱特和希尔的研究中，有一个相关的发现记录了家庭社交生活是如何围绕着看电视的日常生活而进行协调的。电视把家庭聚集在一起分享经验，虽然其中并非是没有冲突的。关于看什么、在什么地方看、什么时候看的争论，都是家常便饭。尤其是家长对儿童观看习惯的监控是很多学者反映的相当大的冲突之一。豪特莱特和希尔的研究还调查了 VCR 的使用习惯。虽然并非所有的参与者都拥有 VCR，但大多数人确实拥有并报告了 VCR 是如何被用于转换节目时间、将太长的电影切割成短小的片段并娱乐儿童的。豪特莱特和希尔从积极的角度描述了 VCR，将其视为观看的首选辅助工具。在关于人们如何通过购买 VCR 来构建自己的日程安排方面，他们展示了可观的变化。豪特莱特和希尔的研究中最激进的发现，也许是对电视的广泛而正面的看法以及观众所表达的享受。与法兰克福学派及普特南的著作中对电视和大众文化的消极和怀疑的叙述不同，豪特莱特和希尔指出了观众与电视关系的情感深度。事实上，在强烈谴责那些批评电视对社会结构造成损害的人的同时，豪特莱特认为，许多对电视的批评是一个更广泛的保守项目的组成部分，旨在定位大众媒体更具当代性和挑战性的方面。并不是说电视没有缺点，过度看电视确实会造成损害，我们只是强调，电视对日常生活的妖魔化效果被过分渲染，这忽略了它对家庭生活的愉悦贡献。

电视是一项正在发生变化的技术，人们越来越多地使用互联网观看节目，媒体形式越来越多样化，如 YouTube 和 Metacafe，观看视频的平台越来越多，如手机和平板电脑。然而，在专用电视机上看电视节目仍然是我们获得视频享受的主要方式，而且电视仍然是一种占主导地位的媒体。正如我们迄今为止探索的其他形式的享受，为了掌握看电视涉及的内容，我们采访了 21 位电视观众，他们中既有观看电视直播的人，也有使用互联网和各种录像技术观看的人。我们的一些受访者使用 VCR 或 DVD 播放机观看视频。互联网还被用来下载节目，以及追剧。我们还调查到有些人使用"个人录像机"，如 TiVo 和 Sky+box。这些设备让他们能够录制电视直播节目。这些访谈特别有助于我们了解电视是如何融入大众家庭的，以及技术是如何支持新的电视观看方式的，特别是在收集和分享媒体方面。

对看电视实践的初步猜测可能是：它们有些乏味。我们不是坐在电视机前看电视吗？如今电视跨越了收集和录制电视节目的不同方式。事实上，一些受访者甚至难以说出他们在电视上看过的最后一个节目的名字。录制节目或在网上浏览节目让人们对电视保持了足够的缓冲。通过这种方式，节目观看与节目播出时间变得相对脱钩。

对于那些在"黄金时间"还不能从工作中抽身的人来说，这种方式是特别有价值的。例如，这意味着一位以酒吧经理的身份轮班工作的观众可以在一大早下班后观看昨天播放的节目。对于一个有孩子的家庭来说，他们可以在晚上哄孩子上床睡觉后看他们最喜欢的肥皂剧。然而，下载节目的特性也支持了对简单的时间转移的超越。例如，通过允许观众快速开始和停止录制而不丢失他们在录制中的位置，多部电影或节目也可以被"掠过"。也就是说，观众可以在决定最终观看哪个节目之前对多个节目进行采样。

下载者属于两个不同的群体。我们采访的 9 个下载者中有 4 个是"补充者"（supplementers），因为他们仍然看广播电视，并且每周下载一次节目或电影。对于这些参与者来说，互联网是一种获得在本国难以获得或者根本不可能获得的节目方式。正如一个补充观看者说的那样，"对《六尺之下》（*Six Feet Under*）第三季，我只想看看那家伙是不是死了。当我发现他主角光环发挥作用的时候，我又回到了电视机前。"这些偶尔下载的人经常批评下载过程缓慢、费劲，而且对他们下载的一些视频的画面质量有所怀疑。事实上，这些用户仍然购买电视台的付费节目。相反，"替代者"（replacers）——9 个下载者中的另外5个——很少或根本不看电视，他们只从互联网上下载电视节目。这些观众会定期查看互联网资源，找到新的电视节目和电影，不断更新节目下载列表，以便随时观看。以这种方式收集视频是一种相当愉快的方式，特别是当有完整的电视连续剧时。

对于我们采访的家庭来说，电视可以被视为家庭默认的晚间娱乐节目。电视节目由许多不同的来源提供，包括预先录制和现场直播。这是家庭成员共同参与的活动，在大多数晚上他们通常要看两三个小时的电视。这些家庭每天晚上都会有一定时间去观看电视，即使有些家庭成员观看时心不在焉。电视提供了一种相对愉快和廉价的活动，一些自由选择的和令人热衷的元素。看电视是一种可靠的活动，有其自身的需求，但它也与社交网络相联系。

受访者特别喜欢晚间电视节目，尤其对肥皂剧和连续剧情有独钟。采访时，几位参与者关注了美国电视剧《24小时》(24 Hours)，一些人谈到了能够按照特定顺序观看电视剧的重要性。下载和网上观看的明显优势是实时发生的选择性。一对夫妇解释说，他们经常确保下载并储存电视节目，以备星期六使用，而电视台不符合他们的口味："周六晚上通常都是垃圾节目，所以我妻子检查并制订了计划表，这样我们就有东西可以看了。我从计划表里选择一些节目来填补这个晚上。"

持续不断的电视叙事为经常观看节目者提供了相当大的激励，即"追剧"。通过这种方式，电视剧有一种内在的"上瘾"

品质——只看一集没有什么意义，只有将其作为一个系列来观看才有意义。事实上，剧集终结可能是一个重大事件。我们的调查对象所追的节目多种多样。有些人在一周内积极地更新了多达 8 个系列；而另一些人则坚持每周播放一部肥皂剧和两个节目。下载和储存技术扩大了人们实际上可追的节目数量。

对我们的参与者来说，跟上剧集并按照正确的顺序观看都是非常重要的。他们最喜欢的节目让他们满足于继续观看和跟随剧情的刺激感。电视节目的这一特点可能在某些方面使得电视具有严重成瘾性的特征。这是"接受度研究"的一个已有结论。例如，观众与电视人物形成情感纽带，在精神上依恋他们以及他们的经历。

人们可以下载多个节目甚至一个完整的系列，然后持续观看。例如，朱迪告诉我们，她在采访前一天晚上看了三集《迷失》（*Lost*），一集接一集地观看在下载者中特别受欢迎，他们描述说，看了一集电视剧后变得"上瘾"，然后下载了更多的剧集一次性看完。对于很多人来说，把剧集攒起来看是一个挑战，因为大结局往往会诱惑他们，或者他们会阻止工作中的朋友和同事对尚未观看的节目进行剧透。

这种"跟上"剧集与把开着电视当作背景的行为形成鲜明对比，我们将后者称为环境观看。对许多人来说，电视作为家庭其他活动的持续背景发挥了作用，以下的评论就是例证：

电视总是开着的，如果我们在吃饭的话就看厨房里的小电视。我妻子如果有宠物节目的话就会认真观看，但如果没有宠物节目，电视就会变回背景。

当以这种方式使用电视时，它不仅是在很安静的房子里的声音，而且是一种资源，当不同的活动占据主导地位时，它可以随时淡入和淡出。对于没有被观众追随的电视节目，这种形式的观看可以随时因为感兴趣的场景出现而进场。这种观看形式特别适合杂志式的电视节目，或是新闻频道等单一话题不断播出的电视台。当其他家庭成员专注于看电视时，也会进行环境观察。家庭中的主要电视节目将由不同的家庭成员在不同的时间观看。电视机通常在客厅里，而且几乎总是最大或最先进的电视机。在这个场景中，一个家庭成员可能会以集中的方式观看，而另一个家庭成员则将其作为背景：

鲍勃：我想这和任何人都一样，你在做其他事情的时候都会或多或少地看着电视。对于电视上正在播什么我们有一种背景意识。但伊泽贝尔打断他：就像在播肥皂剧时的典型男人，他们不看，但他们知道发生了什么。

我们的受访者描述了他们的伴侣在做家务或使用其他媒体

时观看节目的频繁情况。对于那些有孩子的家庭来说，电视将被用来娱乐孩子。对于一个家庭来说，这是他们下载储存节目的主要用途之一，他们录制了大量儿童电视节目，他们三岁的儿子会反复观看相同的录制节目。在这种情况下，电视是孩子们的一个焦点，而成年人则把它当作周围的环境看待。

从这些方面来说，在家里看电视是一种融入更广泛社会行为和家庭安排的活动。当你单独在客厅观看某个节目时，你并不会中断与他人的社会联系。因此，在客厅看电视是一项公开活动，看电视的行为可以被家里的其他人看到，并可能被视为该节目与观看者之间的一种联系。电视作为一种稀缺资源，其组织方式也是某种可以在家庭中共享的东西。有时这会引起关于看什么的冲突或讨论，即使我们采访的所有多人住户都拥有其他看电视的方式，但不少家庭成员也不愿意在发生冲突时换到另一台电视上。对于那些一直开着电视的家庭来说，管理电视是家庭共同或单独安排的一项重要活动。

当然，也有在非公共房间看电视的情况。一位观众抱怨她十几岁的儿子只在自己的卧室里看电视，而不是在公共区域。然而更普遍的是，我们的参与者所讨论的大多数电视观看都是在家庭的"主"电视上进行的，甚至是在我们采访的学生宿舍中也是如此。

电视的这种社会性不仅局限于家庭，而且它常常成为工作场所、朋友圈或网络社交的焦点。电视在工作中是一个常见的话题，这并不是一个新的观察结果，而是美国"饮水机电视"理念的基础——这些节目如此受欢迎，以至于它们成为工作中可以在饮水机旁谈论的共同电视体验。下载和储存可能会破坏电视的这种能力。当然，多频道电视本身已经改变了电视节目通常在有线频道上提前播出的情况，免费电视频道的收视率也有所下降。然而，我们发现许多下载节目的用户在节目播放当天观看录制的电视节目，这样他们就可以在第二天与朋友和同事谈论此事。一户人家描述他们看了流行"真人秀"《老大哥》（*Big Brother*）的结局。因为他们在大结局播放之前还有其他节目要看，所以他们通过录播看了这个节目和大结局。当他们在看节目时，朋友和家人会发短信和打电话"实时"分享和讨论正在发生的事情。虽然这是可以分享的，但是下载节目的观众会有支离破碎的体验。

下载了电视节目的三个参与者之间发生了很有趣的"饮水机对话"。这些参与者谈到了网络论坛中的同步在线对话。由于这些论坛在美国电视台播出时经常讨论节目，因此为了跟上这些节目，参与者必须及时下载，以便观看目前正在讨论的节目。一位女性描述了她下载《星际之门》（*Stargate*）前的心理动态：

> 现在，《星际之门》是优先考虑的，因为我在网上有朋友，他们都在美国，而且他们已经看了。所以我不想知道发生了什么，我错过了很多在线对话，跳过

了很多帖子，因为我不想知道发生了什么。所以我拼命想下载《星际之门》。我有一个实时日志账户……一般来说，我在网上可以谈论任何人想谈论的任何事情，但我在网上认识的人都迷上了《星际之门》，剩下的人迷上了《哈利·波特》。所以他们都很想让我追剧，这样才能和我聊天。

大多数参与者对于观看节目后的社交活动感到非常满意，而有些人在某些时候却感到压力很大。例如，朱迪觉得她必须跟上所有的系列剧，并为此花很多时间。

看电视的快乐

也许是对旧的使用和满足框架的过度反应，使当代的电视研究远离了对观众的快乐的审视。电视观众的被动性、电视经常以再现主流意识形态（如性别角色）的方式重新定位，以及电视对健康和肥胖的影响，导致了人们对于电视作用的颂扬产生了质疑。当然，电视对社会的贡献似乎良莠不齐，正如库比（Kubey）和西克辛米哈利所说，更多的观看可能会缩短注意力的持续时间，减少自我克制，降低对日常生活的耐心。不列颠哥伦比亚大学的心理学家坦尼斯·M. 麦克白·威廉姆斯（Tannis M. MacBeth Williams）曾研究一个山区中的社区，在很长一段时间里这里没有有线电视。随着时间的推移，镇上的成年人和儿童在解决问题方面都变得不那么有创造力，也不那么能容忍无组织的时间安排。然而，不管存在什么问题，电视都被认为是一项非常令人愉快的技术。例如，尽管我们在某种程度上怀疑简单快乐的名目孰优孰劣，但美国人将电视看作他们生活中比食物、爱好、婚姻、金钱或体育更令人愉悦的贡献。

事实上，对于许多关于电视的研究来说，快乐在本质上与其主要关注点是正交的。媒体研究中的一个重要问题是，政治意识形态通过媒体的复制，甚至仅仅是生活规范视角的复制，即媒介在多大程度上被观众接受。在一个极端，法兰克福学派把观众看作被动的接受者。在另一个极端，我们发现接受理论强调了观众的积极意义。关于参与和被动之间的关系，以及观众（或读者）的创造力在不同方面的问题，在媒体研究中一直争论不休。对一些学者来说，我们对媒体的消费除了被动消费之外几乎没剩下什么，人们吞噬了媒体呈现的信息和意识形态。而麦克卢汉（McLuhan）试图区分媒体的消费方式和观众的积极作用。虽然意识形态的问题往往相互矛盾，但我们并不是在调查电视的意识形态内容，而只是调查它是如何被使用和欣赏的。正是由于忽视了对理解电视节目中享受的兴趣，人们才能把注意力放在感觉的、世俗的和有技巧的享受上，从而增加或理解了电视媒体的成功。

　　首先，电视体验是通过提供被动的放松和参与的方式来感受的。我们所说的"被动"是指看电视可以得到的放松形式，不需要身体活动。除了遵循情节、理解体育比赛或纪录片中发生的事情外，在创意或作者方面也没有什么特别的要求。在被别人创造的故事"裹挟"后，观众会暂停自己的代理意识，并与他人一起升华自己的生活。显然，如果我们考虑到一天的工作结束后可能会有一段时间看电视，那么这种被动状态无疑是一个令人放松的场景。我们从斯特宾斯那里借用了"被动性"的概念，他围绕所谓的"被动休闲"展开话题。在这种休闲形式中，我们不是在积极参与创造性的事业，而是在跟随或消费他人的产品。正如斯特宾斯所说，休闲可以被定义为一种即时的、内在的、有回报的、相对短暂的、快乐的活动，只需要很少或根本不需要特殊训练就可以享受到它。通俗地讲，它可以作为一个科学术语，用来指自然发生的事情。在某种意义上，这样的被动行为是一种禁忌，而不完全是一种"越轨的快乐"。对某些人来说，看电视的乐趣是"内疚的快乐"。当然，电视是低层次的"好"的快乐。除此之外，我们还需要将"被动性"与我们在电视观众中发现的参与结合起来。

　　与这种被动性相结合，从我们的采访中可以清楚地看到，在一起看节目的家庭中每个人都很投入。即使是在不太令人兴奋的电视观看过程中，人们也会认同叙事、人物、动作或其他

要素。电视是引人入胜和令人全神贯注的，以至于当我们开始
看节目时，我们可能会忘记时间。

　　因此，尽管观众在某种意义上是被动的，但对一种受喜爱
的节目形式的制作进行详细分析，就可以洞察媒体提供的内容。
从观察者的角度来看，电视观众似乎是被动的。然而，娴熟的
组织工作和技术运用可以让观众瞬间从沙发上转移到赛场的各
个观赏位置。一个引人入胜的直播节目在沉淀的同时产生即时
性和存在性，即匆忙处理、过滤和浓缩。最终，观众将看到一
个既与现场观众看到的相同又有所不同的直播节目。以这种方
式理解的对媒体的消极享受，并不是不受影响的享受。它更像
是一种高度体验的形式，在其中一些单调的日常生活中被取消、
选择和剪辑。

　　在我们讨论了快乐之后，一个相关的观点是：电视需要技
能才能被欣赏。看电视节目取决于我们对正在发生的事情的理
解。以看体育电视节目为例，作为一个家庭的显著特点是，想
要了解其成员到底对什么感到兴奋是非常困难的。一群观众为
了一个可能会进的球几乎从座位上跳起来。然而，要真正理解
这一事件的意义并对其进行预测，就必须对足球以及球员在球
场上的位置在比赛中意味着什么有着足够的了解。因此，即使
是最被动的电视观看也需要基本的技能来理解和参与特定的叙
述、事件、游戏，等等。

　　这一点将我们引向另一个电视之所以令人愉快的重要原因：

社交性。这似乎有悖常理，因为电视无疑是最反社会的科技！当我们想到电视时，脑海常常会出现"沙发土豆"（couch potato）的形象。然而，在许多方面这是一种误导性的形象，我们在看电视时不仅通常与他人在一起，而且电视还是与他人交谈和互动的来源。电视经常作为其他活动的伴奏而被打开。我们可能在做家务、照顾孩子或吃饭，这些都是可以同时看电视的活动。如果需要的话，我们还可以把注意力从电视转移到其他事情上，在任务完成的那一刻再把注意力转移回来。或者，我们甚至可以一边盯着电视，一边处理其他事务，这只需分出我们片刻的注意力。通过采用这种方式，看电视可以减轻许多家务劳动负担，在日常活动中增加一些有趣的娱乐活动。

然而，看电视的社交性在于我们可以与他人共同观看。在任何时候，我们都可以和周围的人交谈，哪怕只是对电视上发生的事情做出回应。对于那些和其他人一起通过电视观看体育比赛的人来说，尽管谈话的方式可能极为有限，但比赛肯定是与其他人分享的。即使没有任何明确的交流，但我们会有一种感觉，即在场的其他人对比赛有着和我们一样的情绪。与其他人一起看电视是一个分享轻量级体验的机会。我们可以读懂电视节目所需要的情感，同时电视节目也是我们一起工作的重要经验调节器。正如我们强调的那样，共享的房子空间——电视位于中央社交空间中，这提供了一个家庭成员可以一起"进入"或"退出"的区域。即使电视开了一整晚，或者不会有一个家

庭成员整晚都在，即使有，他们也不太可能整晚把注意力都放
在电视上。是的，电视是一种背景资源，必要时可以用来娱乐，
不合适的时候可以很快撤掉。

　　谈话也可以在看电视时进行，在广告与电视节目的间隔，
特别是在体育比赛直播中，谈话可以在任何时候插入，常常会
产生幽默的效果。除了在电视前，谈话还可以从特定节目中的
事件中生发出来。此外，电视节目可以成为在线讨论的中心话
题。电视的乐趣不仅来自观看某个节目的直接体验，而且来自
之后发生的互动行为。

　　然而，在这一分析中，我们不能忽略电视的感觉性。电视
是一种充满激情的媒介，看电视是一种与节目中正在发生的事
件有关的参与。

　　接下来，让我们换一种角度来理解电视的实际制作情况：
观众的情绪，即感觉性是如何由那些制造电视节目的人引发的？

备受喜爱的直播节目

　　我们根据恩格斯特伦（Engströ）的民俗学理论，进入制作
电视节目的工作室。这项实地调查着眼于体育赛事的电视制作，
特别是汽车拉力赛、曲棍球和橄榄球比赛。对演播室的观察与

之前对观众的观察形成有趣对比。因为前者强调了如何在特定时间决定播放内容，是否从一台摄像机切换到另一台摄像机，如何讲述比赛的"故事"，以及电视技术（以电视节目的形式播出）是如何被广播公司操纵的。

这些实地调查大多集中在体育直播上。尽管由于互联网和低成本数字技术的出现，许多电视实践发生了变化，但直播始终是电视播出中非常熟悉的一部分。在媒体理论中，人们一致认为它对观众具有特殊的文化影响。斯坎内尔（Scannell）这样描述，广播报道的生动性是其影响的关键，因为它提供了事件在一个接一个的瞬间展开真正意义上的接触。在当今的直播里，有一种"神奇"的品质，这在新闻广播和体育赛事中同样重要。在传统意义上，现场直播具有即时性、真实性和参与性。首先，直播电视是即时的，因为它发生在"现在"。它是人类视觉的延伸，当遥远的事件发生时，我们就能立即看到。其次，直播经常被用作真实性的标记，即使是在新闻类的现场报道这样的非现场环境中。实时内容被用户认为是最接近事件纯粹描述的内容，其附加的含义层更少。总的来说，媒体理论似乎倾向于将生活解释为现实主义某种形式的成功，也就是说，它真的就在那里发生了。在某种程度上，即时传输不允许对内容进行大量的后期处理或审查。尽管如此，由于相机的结构和节目的设置，意味着存在一些方法可以对系统进行预算，以给出一个不太中立的观点，制作团队通过对特定活动的前景化和框架化处理，无形中为观众进行了意义建构。

更为实际地讲，现场直播作为一种构建的体验，其成功取决于某些安排。例如，在我们研究的体育传播中使用了大量的摄像机，使得传播由一系列视角组成。但体育直播和现场还是不一样，在比赛的大部分时间里，现场的观众都被困在看台上的某个位置上，没有机会像电视观众那样在几秒钟的时间内在两个观看位置之间移动。然而，在编辑镜头方面还有更多可做的，而不仅仅是对拍摄过程给出不同的视角，现场直播的感觉体验是通过巧妙地剪辑时间和对参与者的感受进行定位而创造的。

在此类剪辑中存在一种"情感蒙太奇"（emotional montage），由编辑人员从现场直播和录制的视频制作而成。关键在于身体或面部的表情，它们与某个比赛事件同时或毗邻发生。这里的比赛情绪可以从编辑人员在寻找表情时对这些特征的定位，以及他们通过实时和录制视频内容的"时态蒙太奇"（temporal montage）看到。当他们将预先录制的视频与实时视频同步时，其呈现方式与当前观众看到的但实际上产生"更真实"体验的线性呈现方式有所不同，即它诱发了对体育场内所发生事件的共情。在这个片段中的电视广播通过结合概况镜头与特写镜头，显示了可见的情绪化身体或面部表情。通过选择这些视频来显示"反应"，然后通过重新排列和播放不一定按照先后顺序发生的材料，这些反应就可用于时间蒙太奇。情感的视觉展示和时态的蒙太奇通过幽默的方式叙述传播，并产生了一种默契的效果。

那么这与游戏的享受有什么关系呢？在我们的采访中，评论员和编辑人员的笑声表明他们在制作情感类电视节目方面投入了大量精力。幽默和情感是他们用来决定和制作直播的素材。从这个意义上说，我们可以看到电视的"感觉"本质不是在观众的反应中，而是在传播者自身对传播的感觉定位中。无论观众对传播有多少感觉，它的感觉本质是电视制作的部分沉淀。

这种沉淀的另一个方面是情感在传播中的作用。制作团队的工作展示了享受是如何依赖于感觉和情感的。我们可以看出他们认为哪些情感高于当前比赛形势的优先级，那就是在比赛中当主队非常接近得分但最终失败的时刻。尽管制作人通常比电视等大众媒体的观众少很多，但制造传播的技巧是显而易见的。手指的灵巧动作，例如制作回放或在现场摄像机之间的混音器中选择，这些都类似于手指在钢琴的键盘上跳舞。

最后，制作团队对情感反应的搜索也显示了它不属于个人，而具有社交性，是可以分享的。主教练的暴躁脾气从他挥舞的手臂上就一目了然。情感分享部分独立于口语或文本语言。它们被广播然后被评论的"反应"是观众可见的身体动作。这一点展示了在媒介中视觉的潜力：它们可以利用一系列广泛的交互手段。例如，民族方法学家大卫·古德（David Goode）认为，借鉴某种形式的编纂或非编纂的语言互动只占社会互动的一部分。它还取决于对非手势的身体姿态的解释，如身体语言或身体交流。对电视制作人的研究表明，通过可见的身体交流来分享情感毫无疑问是电视传播的一个常规的，但极为重要的组成元素。

我们以各种方式讨论了看电视的乐趣。电视对日常生活的巨大影响是显而易见的。如果你看遍了几乎所有的频道指南，那你对享受的关注就很凸显了。英国广播公司（British Broadcasting Corporation）是世界上最有影响力的公共广播公司之一，该公司表示，娱乐、信息与教育并驾齐驱。我们的享受制度模式很有趣，而且是必要的，可以增加我们对这种无处不在的媒体使用的理解。

电视传播给了我们一个不同的视角，让我们能够分析在电视直播中诸如笑声之类的情绪是如何产生的。这再一次给了我们一种方式来描述在视频制作中所产生的感觉。

总之，电视将被动性和参与性结合在一起，也许正是这两种因素之间的平衡，才使得它成为一种广受欢迎的媒介。电视提供了一种对我们生活中的其他顾虑的解脱和逃避方式，它可以支配我们的注意力，或作为无人看管的背景噪声而存在。电视是需要技巧的、有社交性的，它是普通的、又是让人产生感觉的，是我们快乐生活中普遍存在的一部分。

第八章

政治与享受

享受是当代国家政治的一部分

我们的目标是写一本严肃的关于享受的书，这个目标可能会受到一些矛盾的影响。尽管智力的追求过程不是没有乐趣，但对严肃性的要求会让人对这一话题感到不安。并不是说享受不能或不应该被认真对待，而是需要一定程度的轻柔碰触。友谊、聚会和冒险中的幽默都是可以辨认的。有些快乐是严肃的（例如，美食家的快乐），我们会争辩说幽默和游戏对快乐是如此重要，以至于严肃的分析有时会偏离航道。

这些矛盾可能是显而易见的，因为我们在本书中不涉及一些问题。总的来说，我们不讨论工作场所的享受问题。工作场所的享受管理一直是社会学关注的问题。虽然工作可能很困难、很枯燥，且回报很少，但是工作也经常提供技能和专业知识的乐趣、社交能力以及获得成就和进步的满足感。

正如我们在导言中讨论的，关于享受的性质，我们可以在世界范围内许多不同的方面找到快乐，而且其中大部分都使用技术。我们希望能做的是，在各种各样的形式、环境和个体中，以一系列的技术作为促成因素，享受其中的乐趣。我们这样做是在一个松散的分类下进行的，这种分类不仅强调了快乐的多样性，还突出了快乐的若干基本要素，包括社交性、竞争性和时常令人兴奋的属性，以及放松的重要性。

在这样的过程中，我们还试图接触大量不同的文献和各种不同的理论方法。我们试图解决"快乐是什么"这一难题。在技术研究中，我们发现人们对实证研究的政策含义越发感兴趣。不仅仅是技术作为一个政治角色的重要性越来越被认可，而且关于快乐和享受的文学作品也被政治家们所争论。

政治在各种方面都与社会如何组织世俗实践有关。既然我们把享受理解为公民的一种日常社会关切，这显然与对这些实践的政治性相重叠。如果快乐是普通的，甚至都不是个人的，而是依赖于与他人的互动，那么关心一下关于享受的共同政治议程可能会采取怎样的形式，变得顺理成章。说得通俗一些，就是我们是否需要讨论政治上的享受？如果我们讨论了，社会会更快乐、更愉悦吗？

我们首先对"政治"下一个广泛的定义：在公民或个体层面上影响他人的实践和理论，以及可以在传统社会的宗族和部落乃至国家的广泛社会层面上发挥作用的元素。然而，在当代国家政治中，有一个领域的界限被常识性的说法挑战，即寻求快乐超越了政府的支持和控制。享受被视为通过市场机制应比等级公共机构更好地被管理。对工业的作用稍作了解，就会知道，当我们寻找享受时，往往可以从市场上买到各种各样的商品，如服装和食品。我们可以购买电脑游戏以及新的硬件来支持它们，我们可以购买音乐、书籍、电视机、室内设计、园艺用具和旅游旅行。Google、Facebook、YouTube、Twitter 等互联网服务都是由私人营利公司提供的。快乐显然是市场运作的核心，包括其所有的缺点。

也就是说，享受也是当代国家政治的一部分。它首先是作为一个"问题"出现在公民群体中的，因为必须对过度享乐进行管理。其次是当公民要求政府支持他们的享受时，问题也会相应出现。

作为公共问题的享受

最常见的国家享受政治是公民追求享乐被视为自己和社会的问题。马蒂亚斯·斯文森（Mattias Svensson）在他出版的《角斗士》（*Glädjedödarna*）一书中剖析了许多此类政治活动，并将其称为"杀人之乐的政治"。斯文森探讨了政府对各种娱乐活动的反应，如跳舞、看漫画书、喝酒精饮料、吃糖果和看电影等。不同的反应导致了一个不断发展的规则和立法清单，其目的不是鼓励而是抑制兴奋和享受，表现出对人们日常生活进行控制和规范的家长作风。

斯文森的分析让我们回到了20世纪40年代年轻人对爵士乐的迷恋所引发的道德恐慌。当时持家长主义的人认为，跳舞不但是一种"罪恶的诱惑"，而且是犯罪的入口。它会煽动拳打脚踢和偷窃以支付享受的成本。舞蹈被批评者描述为一种可能会像疾病一样传播的病毒形式。当时，政界人士和专家就舞蹈的负面影响达成了强烈共识，由此产生了一系列法律规定：公开跳舞需要许可，并要求如果提供酒精饮品就必须配有食物。对这些新的社会现象的攻击也指向了阅读新杂志和观看电影。

尽管对爵士乐和吉特巴舞的恐惧在今天看来有些可笑，但一些禁止跳舞的规定仍然有效。例如，如果在没有许可证的餐馆或酒吧跳舞，老板可能会被罚款，他们出售酒精的许可证也可能被终止。20世纪90年代末，英国和西欧的"狂欢"运动引发了一场新的道德恐慌。这种恐慌是基于一个同样神秘的想法，即舞蹈是对家庭的威胁，会像瘟疫一样蔓延。当然，还有更多道德恐慌的例子。哈伊杜（Hajdu）在《十美分的瘟疫》（*The Ten-Cent Plague*）一书中记录了漫画如何被视为对个人福祉和社会的威胁。

　　斯文森在这些不断出现的冲突和国家规范下，看到了那些推动国家政治、社会、统计、科学、常识和道德的人与享乐主义之间的对抗。这种冲突围绕着新的享受形式一次又一次出现，例如家庭视频消费、社交媒体的使用和电脑游戏等，包括近年来关于暴力电子游戏和针对青少年高咖啡因能量饮料的争论。还有对赌场和夜总会的社会学研究，再次将其扭曲成道德和资本操纵的场所。

　　国家机构和政客们更关心的是控制和防止享受，而不是鼓励享受。斯文森的结论是，必定存在某种选择机制，给予政治家和官僚权威声音和能力，以产生丰富多彩的描述，将快乐视为对社会的威胁。我们可能很难设想出一种政治能够形成社会抱负，使生活更加有趣和愉快。但公共广播服务是一个巨大而不寻常的例外。

　　虽然在美国，公共广播公司是媒体消费实践中相对较小的参与者，但在其他国家情况却相反，英国广播公司也许是最显著的例子。公共服务广播的节目制作是由税收或国家立法收取的公共资金来支持的。享受没有被当作社会的问题，而是通过公共资源提供给公民。尽管内容各不相同，但娱乐节目很常见，包括虚构类节目、智力竞赛节目、体育节目和音乐会等。

　　这种公共娱乐被制作的动机是什么？一份关于公共服务未来的报告指出，娱乐是传播中最受观众重视的部分。在丹麦、芬兰等欧洲国家，公共服务组织自20世纪50年代初就开始制作娱乐节目，而到了20世纪60年代，对于公共服务内容的规划就进行了第一次正式讨论，当时已经有了一种积极的享受观。英国广播公司最为典型，它提供了各种各样的享受。公司的宗旨规定其使命是"告知、教育和娱乐"。

这些广播公司作为国家替代家长式做法的例子，展示了其资助的媒体如何提供令人愉快的内容。不幸的是，尽管享受的取向在传播内容中是显而易见的，但在传播政策中，享受常常被压制，被认为是"有助于药物服用的一勺糖"。事实上，仔细观察政策文件可以发现，这些公共机构是多么不愿意提出一个论点来说明为什么享受在人们的生活中是如此重要，为什么提供享受是一个共同关注的问题。没有理由来解释为什么国家应该利用公共资产如大众广播系统为公民提供享受。电视屏幕上丰富的享受节目并不是我们需要共同完成的事情，而是出于其他原因的勉强的解释。在界定公共服务机构应生产什么产品的合同安排中，娱乐从来就不是一个明确的问题。就连娱乐业作为合同中一个潜在话题的争论也只是很晚才出现的。一份《瑞典政府公共报告》（*Statens offentliga utredningar*）指出：

娱乐被视为保持公共服务在观众中受欢迎的必要条件。从历史上看，娱乐制作源于一个向广大观众提供某种节目的总体构想。公共服务应通过制作和传播吸引大众和小众的内容来满足公民的需求。艺术和教

育内容满足了小众群体的需求，而享受则为大众提供了内容。

享受也被认为是一种支持其他需求的工具，比如学习。在瑞典，合同中规定"大众教育"公民教育应是一个主要问题。帕洛坎加斯（Palokangas）描述了诸如芬兰这样的北欧国家，其公共服务组织如何既提供基本的娱乐以便在广大群众中流行，又提供直观的娱乐。这与公共服务的历史传统有关，公共服务是使公民独立思考、采取立场和行动的一种手段。初看起来，英国的情况可能有所不同，因为其宗旨明确规定了娱乐目的，同时要求提供信息和教育。然而，仔细观察就会发现其情况与北欧国家类似。在北欧，享受从来不是一个有价值的话题。政策文件更详细地说明了要生产什么。英国广播公司应该实现所谓的"公共目的"，即教育、维持公民身份、激发创造力和文化卓越性。人们很快就失去了对享受的关注，相反，提供娱乐的任务与创造力和文化的产生息息有关。

总的来说，有几个国家通过公共服务组织大量参与对其公民的娱乐行为，但它们的动机不是真的娱乐公民。娱乐是一种教育、创造和使公共服务机构合法化的手段。由于广播公司被迫向广大民众提供节目，娱乐节目总是能保证总体上的受欢迎程度，因此电视和收音机似乎也能带来乐趣。这样，国家政治机构就处于一个奇怪的位置：他们理解人们在传播媒体中对娱乐的珍视，但国家看不到它的公共用途。换言之，享受不是公共目的，即使是公共服务传播，我们也找不到支持国家政治去娱乐公民的充分理由。

增加享受的政治

在上述的争论中，我们的享受实证计划表现出了怎样的特色？在本书中，我们不断地讨论了幸福的世俗化和日常化，这两个概念使享受的社会属性显而易见。享受似乎无处不在，但很明显，持家长主义的人并不承认这些。斯文森认为，他们不仅过于担心与乐趣和快乐相关的问题，而且也没有参与到享受的积极方面中去。他们没有认识到人们有各种各样的方式来享受自己，当人们真正享受自己的时候平衡了许多选择和关注。舞蹈之夜可能带来的缺点是筋疲力尽和过度消费，与它所带来的快乐不相上下。那些不顾快乐的好处而考虑立法的政客，可能会得出另一个结论，而不是一个普通公民应该如何度过周末晚上，就好像快乐不在考虑范围之内似的。

虽然从事媒体制作的公务员和政客们做了相当大的平衡，但他们的行为并没有把娱乐作为一个公众关注的问题。他们其实只关心观众或听众对娱乐的兴趣，他们提供一系列内容，在周末的晚上按图索骥。然而，尽管公共服务广播公司确实提供了享受，但他们也害怕家长式的论调，因此他们的策略只是取悦观众而不得罪政客。

然而，享受无处不在，它潜入了公共服务广播以外的国家活动。例如，计算机科学研究人员的工作是出于对教育和环境等"公共问题"的关注，探索如何通过"严肃的游戏"和"有说服力的技术"将享受作为达到政治目的的手段，他们的表述与那些广播公司的书面政策非常相似。

因此，我们需要的是在以下方面做出努力：对享受是什么、享受本身的价值和复杂性提供更丰富的理解。我们需要让享受在公共环境中自立，将其理解为国家机构、学术研究和政治行动的目标。然而，要做到这一点，我们就不能仅仅去简单地衡量享受。我们需要用各种形式来描述它，并理解它是如何以及为什么成为我们普通的、有感觉的生活的核心内容。

如果这样的描述能够被阐明和认可，我们将看到一个更好的政治平衡的潜力，我们将得到一个更符合公民关切的社会。哪怕斯文森早已悲观地指出，这样的政治转折可能永远无法实现，政府很难在立法中避免隐性的家长主义。

结束语

　　当我们结束本书时，已经涉及了相当多的领域。我们的目标是提出并丰富关于享受的争论，更好地理解这可能是一种技术现象，但也要考虑如何通过技术设计和政治行动进一步实现愿景。通过实证研究，我们试图记录许多不同类型的快乐，同时也描述技术是如何支持人们愉快的行为和感受的。科技似乎并没有奴役我们，而是取悦我们，为此我们应当心存感激。

　　这项工作也清楚地表明，哪里有快乐，哪里就有技术。如果不认真对待科技带给世界的享受，就无法讲述科技的故事。我们还展示了技术的设计、技术的制造是如何认真对待它所支持的实践的。图像和视频的压缩使得媒体收集成为可能，互联网和 GPS 有力地支持了旅游和移动，加密让我们可以使用手机和平板电脑向朋友发送私人信息，而哪怕是狩猎活动也取决于对其健康状况的预测。计算机科学在快乐的世界中得到了广泛的应用。

我们可以用亚里士多德的话来总结我们的论点，"快乐取决于我们自己"。我们用不同的形式来描述快乐，我们希望能够记录幸福和快乐如何成为日常生活中丰富和活跃的一部分。人类用科技让自己快乐，反过来，人类也让快乐变得像他们一样丰富多彩。

参考文献

Anscombe, G. E. M. 1957. Intention. Harvard University Press.

Apostolopoulos, Y., S. Leivadi, and A. Yiannakis, eds. 1996. The Sociology of Tourism: Theoretical and Empirical Investigations. Routledge.

Appleyard, D., K. Lynch, and J. R. Myer. 1964. *The View from the Road.* MIT Press.

Aramberri, J. 2001. The host should get lost: Paradigms in tourism theory. *Annals of Tourism Research* 28 (3): 738–761.

Atkinson, J. M., and J. Heritage, eds. 1984. Structures of Social Action: Studies in Conversation Analysis. Cambridge University Press.

Auslander, P. 2008. Liveness: Performance in a Mediatized Culture. Routledge.

Barley, S., and G. Kunda. 2001. Bringing work back in. *Organization Science* 12 (1): 76–95.

Baudelaire, C. 1970. Paris Spleen, 1869. New Directions.

Baudelaire, C. 2010. The Painter of Modern Life. Penguin.

Bauman, Z. 1994. Desert spectacular. In The Flâneur, ed. K. Tester. Routledge.

Beach, W., and C. LeBaron. 2002. Body disclosures: Attending to personal problems and reported sexual abuse during a medical encounter. *Journal of Communication* 52 (3): 617–639.

Becker, H. S. 1953. Becoming a marihuana user. *American Journal of Sociology* 59 (3): 235–242.

Benjamin, W. 2006. The Writer of Modern Life: Essays on Charles Baudelaire. Belknap.

Bennett, M. R., and P. M. S. Hacker. 2003. Philosophical Foundations of Neuroscience. Blackwell.

Berridge, K. C., and M. L. Kringelbach. 2008. Affective neuroscience of pleasure: Reward in humans and animals. *Psychopharmacology* 199 (3): 457–480.

Bijker, W. E., T. P. Hughes, and T. J. Pinch. 1987. The social construction of techno-logical systems: New directions in the sociology and history of technology. MIT Press.

Blythe, M. A., K. Overbeeke, A. F. Monk, and P. C. Wright, eds. 2004. Funology: From Usability to Enjoyment. Kluwer.

Bolter, J. D., and R. Grusin. 2000. Remediation: Understanding New Media. MIT Press.

Bourdieu, P. 1990. Photography: A Middlebrow Art. Polity.

Bronner, S. J. 2004. "This is why we hunt": Social-psychological meanings of the traditions and rituals of deer camp. *Western Folklore*:11–50.

Brown, B., and M. Bell. 2004. CSCW at play: There as a collaborative virtual environment. In *Proceedings of the 2004 ACM Conference on Computer Supported Cooperative Work*. ACM.

Brown, B., and K. O'Hara. 2003. Place as a practical concern of mobile workers. *Environment & Planning A* 35 (9): 1565–1587.

Brown, B., S. Reeves, and S. Sherwood. 2011. Into the wild: Challenges and opportu-nities for field trial methods. In *Proceedings of the SIGCHI Conference on Human Factors in Computing Systems*. ACM.

Brown, B., M. Chalmers, M. Bell, M. Hall, I. MacColl, and P. Rudman. 2005. Sharing the square: Collaborative leisure in the city streets. In *Proceedings of the Ninth European Conference on Computer-Supported Cooperative Work*. Springer.

Brown, B., E. Geelhoed, and A. J. Sellen. 2001. The Use of Conventional and New Music Media: Implications for Future Technologies. In Proceedings of Interact 2001, ed. M. Hirose. IOS.

Bruni, L., and P. L. Porta. 2006. Handbook on the Economics of Happiness. Elgar.

Brush, A. J., and T. C. Turner. 2005. A survey of personal and household scheduling. In *Proceedings of the 2005 International ACM SIGGROUP Conference on Supporting Group Work*. ACM.

Bull, M. 2001. Soundscapes of the car: A critical ethnography of automobile habita-tion. In Car Cultures, ed. D. Miller. Berg.

Bull, M. 2005. No dead air! The iPod and the culture of mobile listening. *Leisure Studies* 24 (4): 343–355.

Bull, M. 2008. Sound Moves: iPod Culture and Urban Experience. Routledge.

Burawoy, M. 1979. Manufacturing Consent: Changes in the Labor Process under Monopoly Capitalism. University of Chicago Press.

Button, G. 1993. Technology in Working Order. Routledge.

Caillois, R., and M. Barash. 2001. Man, Play, and Games. University of Illinois Press.

Carroll, J. M., and J. M. Thomas. 1988. Fun. ACM SIGCHI Bulletin 19 (3): 21–24.

Castronova, E. 2005. Synthetic Worlds: The Business and Culture of Online Games. University of Chicago Press.

Chandler, A. D., Jr. 2009. Inventing the Electronic Century: The Epic Story of the Consumer Electronics and Computer Industries. Harvard University Press.

Cornell, E. H., and C. D. Heth. 2000. Route learning and navigation. In Cognitive Mapping: Past, Present and Future, ed. R. Kitchin and S. Freundschuh. Routledge.

Crabtree, A., T. Rodden, P. Tolmie, and G. Button. 2009. Ethnography considered harmful. In Proceedings of the SIGCHI Conference on Human Factors in Computing Systems. ACM.

Csikszentmihalyi, M. 1991. Flow: The Psychology of Optimal Experience. Harper Perennial.

Csikszentmihalyi, M., and J. Hunter. 2003. Happiness in everyday life: The uses of experience sampling. Journal of Happiness Studies 4 (2): 185–199.

Dahles, H. 1993. Game killing and killing games: An anthropologist looking at hunting in a modern society. Society & Animals 1 (2): 169–184.

Davidson, D. 1963. Actions, reasons, and causes. Journal of Philosophy 60 (23): 685–700.

de Certeau, M. 1984. The Practice of Everyday Life. University of California Press.

Degenne, A., M. Forsé, and A. Borges. 1999. Introducing Social Networks. SAGE.

Dickinson, R., R. Harindranath, and O. Linné, eds. 1998. Approaches to Audiences—A Reader. Arnold.

Dolan, P., T. Peasgood, and M. White. 2008. Do we really know what makes us happy? A review of the economic literature on the factors associated with subjective well-being. Journal of Economic Psychology 29 (1): 94–122.

Dourish, P. 2002. Where the Action Is: Foundations of Embodied Interaction. MIT Press.

Ducheneaut, N., N. Yee, E. Nickell, and R. J. Moore. 2006. Alone together? Exploring the social dynamics of massively multiplayer games. In Proceedings of CHI 2006. MIT Press.

Easterlin, R. A. 1974. Does Economic Growth Improve the Human Lot? In Nations and Households in Economic Growth: Essays in Honor of Moses Abramovitz, ed. P. David and M. Reder. Academic Press.

Edwards, P. N. 1997. The Closed World: Computers and the Politics of Discourse in Cold War America. MIT Press.

Engström, A., M. Esbjörnsson, and O. Juhlin. 2008. Mobile collaborative live video mixing. In *Proceedings of the 10th International Conference on Human Computer Interaction with Mobile Devices and Services*. ACM.

Engström, A., O. Juhlin, M. Perry, and M. Broth. 2010. Temporal hybridity: footage with instant replay in real time. In *Proceedings of the SIGCHI Conference on Human Factors in Computing Systems*. ACM.

Ericsson, G., and T. A. Heberlein. 2002. Fyra av fem svenskar stöder jakt. *Fakta skog*, no. 2.

Esbjörnsson, M., B. Brown, O. Juhlin, D. Normark, M. Östergren, and Eric Laurier. 2006. Watching the cars go round and round: designing for active spectating. In *Proceedings of the SIGCHI Conference on Human Factors in Computing Systems*. ACM.

Esbjörnsson, M., O. Juhlin, and M. Östergren. 2004. Traffic encounters and Hocman: Associating motorcycle ethnography with design. *Personal and Ubiquitous Computing* 8 (2): 92–99.

Esbjörnsson, M., O. Juhlin, and A. Weilenmann. 2007. Drivers using mobile phones in traffic: An ethnographic study of interactional adaptation. *International Journal of Human-Computer Studies* 22 (1–2): 37–58.

Eskelinen, M. 2001. The gaming situation. *Game Studies* 1 (1): 68.

Featherstone, M. 1998. The flaneur, the city and virtual public life. *Urban Studies* 35 (5–6): 909–925.

Flintham, M., R. Anastasi, S. Benford, T. Hemmings, A. Crabtree, C. Greenhalgh, T. Rodden, N. Tandavanitj, M. Adams, and J. Row-Farr. 2003. Where on-line meets on-the-streets: Experiences with mobile mixed reality games. In *Proceedings of the SIGCHI Conference on Human Factors in Computing Systems*. ACM.

Garfinkel, H. 1994. Studies in Ethnomethodology. Polity.

Garfinkel, H. 2002. Ethnomethodology's Program. Rowman & Littlefield.

Gauntlett, D. 1998. Ten things wrong with the "effects model." In Approaches to Audiences: A Reader, ed. R. Dickinson, R. Harindranath, and O. Linné. Hodder.

Gauntlett, D., and A. Hill. 1999. TV Living: Technology, Culture and Everyday Life. Routledge.

Giddens, A., M. Duneier, and R. P. Appelbaum. 1996. Introduction to Sociology. Norton.

Glaser, B. G., and A. L. Strauss. 2009. The Discovery of Grounded Theory: Strategies for Qualitative Research. *Trans-Action*.

Goffman, E. 1963. Behavior in Public Places: Notes on the Social Organization of Gatherings. Free Press.

Goffman, E. 1971. Relations in Public: Micro-Studies of the Public Order. Basic Books.

Goode, D. 2007. Playing with My Dog Katie: An Ethnomethodological Study of Dog-Human Interaction. Purdue University Press.

Gopnik, A. 2009. The Philosophical Baby. Random House.

Granovetter, M. 1985. Economic action and social structure: The problem of embeddedness. *American Journal of Sociology* 91 (3): 481–510.

Grazian, D. 2008. On the Make: The Hustle of Urban Nightlife. University of Chicago Press.

Green, O. H. 1979. Wittgenstein and the possibility of a philosophical theory of emotion. *Metaphilosophy* 10 (34): 256–264.

Gubrium, J. F. 1988. The family as project. *Sociological Review* (36): 273–296.

Gustafsson, A., J. Bichard, L. Brunnberg, O. Juhlin, and M. Combetto. 2006. Believable environments: generating interactive storytelling in vast location-based pervasive games. In *Proceedings of the 2006 ACM SIGCHI International Conference on Advances in Computer Entertainment Technology*. ACM.

Hajdu, D. 2008. The Ten-Cent Plague: The Great Comic-Book Scare and How It Changed America. Macmillan.

Hallam, R. S. 2012. Virtual Selves, Real Persons: A Dialogue across Disciplines. Cambridge University Press.

Harper, R. 2012. The Philosophy of Nowness: Time, Facebook and Poetry (http://profharper.wordpress.com/2012/03/).

Harper, R., and J. Hughes. 1993. What a f-ing system! Send 'em all the same place and then expect us to stop 'em hitting: Making technology work in air traffic control. In Technology in Working Order: Studies of Work, Interaction and Technology, ed. G. Button. Routledge.

Hassenzahl, M. 2010. Experience design: Technology for all the right reasons. *Synthesis Lectures on Human-Centered Informatics* 3 (1): 1–95.

Heath, C., and P. Luff. 2000. Technology in Action. Cambridge University Press.

Heath, C., J. Hindmarsh, and P. Luff. 1999. Interaction in isolation: The dislocated world of the London underground train driver. *Sociology* 33 (3): 555–575.

Hey, T., and A. E. Trefethen. 2003. The data deluge: An escience perspective. In Grid Computing: Making the Global Infrastructure a Reality, ed. G. Fox and T. Hey. Wiley.

Hogben, S. 2006. Life's on hold. *Time & Society* 15 (2–3): 327–342.

Holstein, J. A., and J. Gubrium. 1999. What is family? *Marriage & Family Review* 28 (3–4): 3–20.

Huizinga, J. 2003. Homo ludens: A Study of the Play-Element in Culture, volume 3. Taylor & Francis.

Hunt, E., and D. Waller. 1999. Orientation and Wayfinding: A Review. Technical report N00014-96-0380. Office of Naval Research.

Hutchins, E. 1995. *Cognition in the Wild*. MIT Press.

Jenkins, N. 2013. Playing dangerously: An ethnomethodological view upon rock climbing. In Ethnomethodology at Play, ed. M. Rouncefield and P. Tolmie. Ashgate.

Johns, H., and P. Ormerod. 2007. Happiness, Economics and Public Policy. Institute of Economic Affairs.

Juhlin, O., Arvid Engström, and Erika Reponen. 2010. Mobile broadcasting: the whats and hows of live video as a social medium. In *Proceedings of the 12th International Conference on Human Computer Interaction with Mobile Devices and Services.* ACM.

Juul, J. 2005. Half-Real: Video Games between Real Rules and Fictional Worlds. MIT Press.

Kahneman, D., A. B. Krueger, D. A. Schkade, N. Schwarz, and A. A. Stone. 2004. A survey method for characterizing daily life experience: The day reconstruction method. *Science* 306 (5702): 1776–1780.

Katz, J. 1999. How Emotions Work. University of Chicago Press.

Katz, J., and T. J. Csordas. 2003. Phenomenological ethnography in sociology and anthropology. *Ethnography* 4 (3): 275–288.

Kubey, R., and M. Csikszentmihalyi. 1990. Television and the Quality of Life: How Viewing Shapes Everyday Experience. Erlbaum.

Latour, B. 1986. Visualization and cognition: Drawing things together. *Knowledge in Society* 6:1–40.

Latour, B. 1988. The politics of explanation: An alternative. In Knowledge and Reflexivity: New Frontiers in the Sociology of Knowledge, ed. S. Woolgar. SAGE.

Laurier, E. Guest editorial. 2003. *Environment and Planning A* 35: 152–157.

Laurier, E., and C. Philo. 2002. Packing in the company region with: a car, a mobile phone, cardboard cut out, some carbon paper and a few boxes. *Environment and Planning D, Society & Space* 11 (1): 85–106.

Laurier, E., and C. Philo. 2004. Ethnoarchaeology and undefined investigations. *Environment & Planning A* 36 (6): 421–436.

Levy, D. 2009. Love and Sex with Robots. HarperCollins.

Lloyd, R. 1989. Cognitive maps: Encoding and decoding information. *Annals of the Association of American Geographers* 79 (1): 101–124.

Lofland, J. 1971. *ANALYSING SOCIAL SETTINGS*: Wadsworth Pub.

Loker-Murphy, L, and P. L. Pearce. 1995. Young budget travelers: Backpackers in Australia. *Annals of Tourism Research* 22 (4): 819–843.

Luff, P., J. Hindmarsh, and C. Heath. 2000. Workplace Studies: Recovering Work Practice and Informing System Design. Cambridge University Press.

MacEachren, A. M. 1995. How Maps Work. Guilford.

MacNeil, M. 1996. Networks: Producing Olympic ice hockey for a national television audience. *Sociology of Sport Journal* 13 (2).

Manninen, T., and T. Kujanpää. 2005. The hunt for collaborative war gaming—Case: Battlefield 1942. *Game Studies* 5 (1): 538–540.

Marcuse, H. 2002 (1964). One-Dimensional Man: Studies in the Ideology of Advanced Industrial Society. Taylor & Francis.

Marriott, S. 2007. Live Television: Time, Space and the Broadcast Event. SAGE.

Maynard, D. W., and S. E. Clayman. 1991. The diversity of ethnomethodology. *Annual Review of Sociology* :385–418.

McCarthy, J., and P. Wright. 2004. Technology as Experience. MIT Press.

McDonald-Walker, S. 2000. Bikers: Culture, Politics and Power. Berg Publishers.

McGowan, T. 2004. The End of Dissatisfaction? Jacques Lacan and the Emerging Society of Enjoyment. State University of New York Press.

McHugh, P., S. Raffel, D. C. Foss, and A. F. Blum. 1974. Tourism. In On the Beginning of Sociological Inquiry, ed. P. McHugh. Routledge.

Milavsky, J. R., R. C. Kessler, H. H. Stipp, and W. S. Rubens. 1982. *Television and Aggression: A Panel Study*. Academic Press.

Milgram, S. 1977. The Individual in a Social World: Essays and Experiments. McGraw-Hill.

Miller, D., P. Jackson, N. Thrift, B. Holbrook, and M. Rowlands. 1998. Shopping, Place and Identity. Routledge.

Moore, K., G. Cushman, and D. Simmons. 1995. Behavioral conceptualization of tourism and leisure. Annals of Tourism Research 22 (1): 67–85.

Morley, D. 1980. The 'Nationwide' Audience: Structure and Decoding. British Film Institute.

Morley, D. 1988. Family Television: Cultural Power and Domestic Leisure. Psychology Press.

Morley, D. 2000. Home Territories: Media, Mobility and Identity. Psychology Press.

Morse, M. 1990. An ontology of everyday distraction: The freeway, the mall, and television. In Logics of Television: Essays in Cultural Criticism, ed. P. Mellencamp. Indiana University Press.

Muramatsu, J., and M. S. Ackerman. 1998. Computing, social activity, and entertainment: A field study of a game MUD. Computer Supported Cooperative Work 7 (1–2): 87–122.

Murdock, G. P. 1949. Social Structure. Free Press.

Nagel, T. 1974. What is it like to be a bat? Philosophical Review 83 (4): 435–450.

Nardi, B. A., D. J. Schiano, M. Gumbrecht, and L. Swartz. 2004. Why we blog. Communications of the ACM 47 (12): 41–46.

Nardi, B. 2010. My Life as a Night Elf Priest: An Anthropological Account of World of Warcraft. University of Michigan Press.

Nehls, E. 1999. Lastbil som livsstil. Ågrens.

Neustaedter, C., A. J. Brush, and S. Greenberg. 2009. The calendar is crucial: Coordination and awareness through the family calendar. ACM Transactions on Computer-Human Interaction 16 (1): 6.

Östergren, M., and O. Juhlin. 2006. Car drivers using Sound Pryer—Joint music listening in traffic encounters. In Consuming Music Together: Social and Collaborative Aspects of Music Consumption, ed. K. O'Hara. and B. Brown. Springer.

Overbeeke, K., T. Djajadiningrat, C. Hummels, S. Wensveen, and J. Prens. 2005. Let's make things engaging. In Funology, ed. M. A. Blythe et al. Kluwer.

Palokangas, T. 2006. Public service, public entertainment? One week of entertainment in Finnish Television. Paper prepared for RIPE@2006 conference, Amsterdam.

Parsons, T., and R. F. Bales. 1955. Family, Socialization and Interaction Process. Free Press.

Pearce, D. 1995. Tourism Today: A Geographical Analysis. Longman.

Plowman, L., Y. Rogers, and M. Ramage. 1995. What are workplace studies for? In Proceedings of the Fourth European Conference on Computer-Supported Cooperative Work.

Public service review reports, 2008. Kontinuitet och förändring—Betänkande av Public service-utredningen.

Purdy, L. M. 1997. Babystrike! In Feminism and Families, ed. H. Nelson. Routledge.

Putnam, R.. 2001. Bowling Alone: The Collapse and Revival of American Community. Simon & Schuster.

Randall, D., R. Harper, and M. Rouncefield. 2007. Fieldwork for Design: Theory and Practice. Springer.

Redshaw, S. 2008. In the Company of Cars: Driving as a Social and Cultural Practice. Ashgate.

Rehberg, K. S. 2000. The fear of happiness: Anthropological motives. *Journal of Happiness Studies* 1 (4): 479–500.

Rhoads, S. E., and C. H. Rhoads. 2004. Gender roles and infant/toddler care: The special case of tenure track faculty. Paper presented at annual meeting of Midwest Political Science Association.

Rigakos, G. 2008. Book review: David Grazian, *On the Make: The Hustle of Urban Nightlife*. *Canadian Journal of Sociology* 33 (3).

Rode, J., E. Toye, and A. Blackwell. 2005. The domestic economy: A broader unit of analysis for end user programming. In Proceedings of CHI'05.

Rogers, M. F. 1983. Sociology, Ethnomethodology and Experience. Cambridge University Press.

Rojek, C., S. M. Shaw, and A. J. Veal. 2006. A Handbook of Leisure Studies. Palgrave Macmillan.

Rouncefield, M., and P. Tolmie. 2013. Ethnomethodology at Play. Ashgate.

Roy, D. F. 1959. "Banana time": Job satisfaction and informal interaction. *Human Organization* 18 (4): 158–168.

Ryan, C. 2002. Equity, management, power sharing and sustainability—issues of the 'new tourism.' *Tourism Management* 23 (1): 17–26.

Ryan, R. M., and E. L. Deci. 2001. On happiness and human potentials: A review of research on hedonic and eudaimonic well-being. *Annual Review of Psychology* 52 (1): 141–166.

Ryave, A. L., and J. N. Schenkein. 1974. Notes on the art of walking. In *Ethnomethodology*, ed. R. Turner. Penguin.

Ryle, G. 1954. Dilemmas. Cambridge University Press.

Sacks, H. 1972. Notes on police assessment of moral character. In Studies in Social Interaction, ed. D. Sudnow. Free Press.

Sacks, H. 1995. *Lectures on conversation*, volumes I and II. Blackwell.

Salen, K., and E. Zimmerman. 2004. Rules of Play: Game Design Fundamentals. MIT Press.

Scannell, P. 1996. *Radio, Television, and Modern Life: A Phenomenological Approach.* Wiley-Blackwell.

Schmidt, K. 2010. "Keep up the good work!": The concept of "work" in CSCW. In *Proceedings of COOP 2010*, ed. M. Lewkowicz et al. Springer.

Schroeder, T. 2004. Three Faces of Desire. Oxford University Press.

Schuler, D., and A. Namioka. 1993. Participatory Design: Principles and Practices. CRC Press.

Schüll, N. D. 2012. Addiction by Design: Machine Gambling in Las Vegas. Princeton University Press.

Sengers, P. 2005. The engineering of experience. In Funology, ed. M. A. Blythe, et al. Kluwer.

Shields, R. 1994. Fancy footwork: Walter Benjamin's notes on flânerie. In The Flâneur, ed. K. Tester. Routledge.

Simmel, Georg. 1949. The sociology of sociability. *American Journal of Sociology* 55 (3): 254–261.

Stebbins, R. A. 1997. Casual leisure: A conceptual statement. *Leisure Studies* 16 (1): 17–25.

Suchman, L. 1987. Plans and Situated Actions: The Problem of Human-Machine Communication. Cambridge University Press.

Sudnow, D. 1983. Pilgrim in the Microworld: Eye, Mind, and the Essence of Video Skill. Heinemann.

Sudnow, D. 2001. Ways of the Hand: A Rewritten Account. MIT Press.

Sutton-Smith, B. 2001. The Ambiguity of Play. Harvard University Press.

Svensson, M.. 2011. Glädjedödarna: en bok om förmynderi. Pocket.

Tester, K. 1994. The Flâneur. Routledge.

Tolmie, P., S. Benford, M. Flintham, P. Brundell, M. Adams, N. Tandavantij, J. Far, and G. Giannachi. 2012. Act natural: Instructions, compliance and accountability in ambulatory experiences. In *Proceedings of the 2012 ACM Annual Conference on Human Factors in Computing Systems*. ACM.

Tolmie, P., S. Benford, and M. Rouncefield. 2013. Playing in Irish music sessions. In *Ethnomethodology at Play*, ed. M. Rouncefield and P. Tolmie. Ashgate.

Tribe, J. 1999. Economics of Leisure and Tourism. Butterworth-Heinemann.

Turner, G. 2001. Television and cultural studies: Unfinished business. *International Journal of Cultural Studies* 4 (4): 371–384.

Urry, J. 1990. The Tourist Gaze: Leisure and Travel in Contemporary Society. *Sage*.

Urry, J. 1995. Consuming Places. Routledge.

Vowinckel, G. 2000. Happiness in Durkheim's sociological policy of morals. *Journal of Happiness Studies* 1 (4): 447–464.

Watson, R. 1994. Harvey Sack's sociology of mind in action. *Theory, Culture & Society* 11 (4): 169–186.

Wellman, B., and S. D. Berkowitz. 2006. Social Structures: A Network Approach. Cambridge University Press.

Whalen, J., Marilyn Whalen, and Kathryn Henderson. 2002. Improvisational choreography in teleservice work. *British Journal of Sociology* 53 (2): 163.

White, N. P. 2006. *A Brief History of Happiness*. Wiley-Blackwell.

Winch, P. 1958. The Idea of a Social Science and Its Relation to Philosophy. Routledge.

Wittgenstein, L. 1953. Philosophical Investigations, tr. G. E. M. Anscombe. Blackwell.

Wolfsdorf, D. 2013. Pleasure in Ancient Greek Philosophy. Cambridge University Press.

Wright, T., E. Boria, and P. Breidenbach. 2002. Creative player actions in FPS online video games: Playing Counter-Strike. *Game studies* 2 (2): 103–123.

Yee, N. 2001. The Norrathian Scrolls: A Study of EverQuest, version 2.5 (http://www.nickyee.com/eqt/report.html).

Yee, N. 2002. Mosaic: Stories of Digital Lives and Identities (http://www.nickyee.com/mosaic/home.html).

Zingerle, A. 2000. Simmel on happiness. *Journal of Happiness Studies* 1 (4): 465–477.

Zuzanek, J., C. Rojek, S. M. Shaw, and A. J. Veal. 2006. Leisure and time. In *A Handbook of Leisure Studies*, ed. C. Rojek et al. Palgrave Macmillan.